做事的逻辑

如何持续做正确的事

傅君琳　郑少雄 著

四川人民出版社

图书在版编目（CIP）数据

做事的逻辑：如何持续做正确的事 / 傅君琳，郑少雄著. -- 成都：四川人民出版社，2019.2
ISBN 978-7-220-11172-3

Ⅰ.①做… Ⅱ.①傅… ②郑… Ⅲ.①成功心理－通俗读物 Ⅳ.① B848.4-49

中国版本图书馆 CIP 数据核字（2019）第 024450 号

ZUOSHIDELUOJI: RUHECHIXU ZUO ZHENGQUEDESHI
做事的逻辑：如何持续做正确的事

著　者	傅君琳　郑少雄
出版策划	禹成豪
责任编辑	魏宏欢　范雯晴
图书监制	王　猛
策划编辑	冀海波　辜香蓓
装帧制造	VIOLET

出版发行	四川人民出版社（成都槐树街 2 号）
网　址	http://www.scpph.com
E - mail	scrmcbs@sina.com
印　刷	三河市春园印刷有限公司
成品尺寸	146mm×210mm
印　张	8.5
字　数	150千字
版　次	2019年2月第1版
印　次	2019年2月第1次
书　号	978-7-220-11172-3
定　价	42.80元

前　言

逻辑——可谓二十一世纪最有魅力的词语。铺天盖地的逻辑学营销，大众对表象背后规律的好奇，无不暗示着一个真理：得逻辑者得天下。对于各类热点事件，人们不再热衷于单纯地表达情绪，而是将注意力慢慢地转向了发掘事物背后更深层的规律。

越来越多的人不再满足于得到结论，而是开始追寻论证的过程，迷恋于逻辑自身所具有的严谨性和科学性。说来抽象，但逻辑对于现实生活的指导性意义远远超乎我们的想象。于是，我们大多数人开始致力于两件事：看清事物运行背后的逻辑，从而纵观全局，预测未来趋势；理清某个人思维的逻辑，从而学习模仿，转化为自身优势。

我们相信这两件事，对生活、学习和工作的各个方面都大有裨益。在运营"杠杆计划 Leverage"公众号之初，我们也曾借助自己一些小小的成就作为噱头来吸引读者，譬如如何在高三迅速从年级中等逆袭到清北线。

我们不算天资聪慧，也不算特别努力，更没有很多出人头地的上进心。但我们走过的每一步，都出乎意料地令我们满意，并且在这个过程中，我们不断建立起了更加强大的自信、更加融洽的方法论。这也是为什么，我们想把这一套理念分享给处于成长阶段的大家，不论是年少的学弟学妹还是经验丰富的前辈们，无论是退休的老人还是料理家务的主妇，或许都能够在这本书中体验到一点点共鸣，获得一点点启示，在工作、学习、培养兴趣、观察世界、经营生活等各方各面，慢慢摸清事物本身的运行规律，掌握其逻辑，并借助这套逻辑，持续做正确的事。

逻辑到底是什么呢？

对于事物，逻辑是它背后运行的规律。譬如牛顿三大定律揭示了物体运动的一般规律，明白这些规律并总结掌握这些规律的逻辑，才能更好地解释肉眼所见的各种现象，并且制造出方便人类生产生活的工具。

对于人，逻辑是人的思维模式，小到解题思路，大到世界观和方法论、知与行的结合。理清了一个人的逻辑，才算真正地了解了一个人。清楚自己的逻辑，才算真正地了解自己。

培养做事的逻辑的最终目的，是持续做正确的事。这里"正确"的含义，不仅是要做正确的事，同时也要正确地做事。这不仅包括战略上的正确，也包括战术上的正确。找到正确的方向，再使用正确的方法，这便是成功的不二法门。培养做事的逻辑，就是培养自己寻找正确做事方向、掌握正确做事方法的能力。

方向是否正确，主要由外在环境的客观条件决定，而方法是否正确，主要由内在自我的主观行动决定。培养做事的逻辑，找到正确的方向、掌握正确的方法，需要同时对外在环境以及内在自我都有充分的认知。然而，大部分人既不了解外在环境，也不了解内在自我，做事大都是浮于表面，过日子也是糊里糊涂的。他们不去观察世界运行的规律，也不去总结自己做事的规律，只是单纯模仿着动作、重复着旧有的机制，做足了表面功夫。比如，每天疲于应付老师布置的作业、上司布置的任务，却不明白自己完成这份作业是为了巩固学科知识体系中的哪一个知识点，处理这份工作是为了完善公司业务流程中的哪一个环节。找不到意义，所以看不清目的，没有了目的，自然也就没有了动力，因此总是得过且过地对待着每一个任务，浑浑噩噩消磨每一天，对自己、对世界都充满怨气。

符合逻辑的做事顺序，应该是这样——首先认识世界，其次认识自己，然后改变自己，最后改变世界。

认识世界，意味着理解世界运行的规律，这包括细心观察既有的现象，全面分析现象背后的成因，并准确预测其未来发展趋势。在观察、分析、预测这三个过程中，都存在各自的逻辑。然而，世界万般复杂，自己观察到的现象很容易只是片面的，分析得出的成因很可能是有偏差的，由此做出的预测自然也就不准确了。这种从样本中推测出整体性质，分析原因并做出预测的任务，与统计学的思路如出一辙。其实人类日常生活中接触外界信息的过程，本就是一种感官对信息的搜集过程。对于认识世界这一步，我们将会为读者介绍如何将统计学中的理论运用到现实中，并用统计学中的逻辑来更全面、更清晰、更准确地认识这个复杂的世界。

认识自己，是自苏格拉底以来的难题，这要求人必须从自身之外的视角来审视自己。不少人进了大学之后才发现自己不喜欢这个专业，进了公司才发觉自己不擅长这份工作，除了对外在环境的认识有偏差外，更多的是对自己的认识不够深入。认识自己，不仅要从生理上认识自己，知晓自身的基本体质特点，更是要从心理上认识自己，明白自己在顺境或逆境中，在高度紧张或无人监管的状态下，可能出现的各种心理表现，最终做到知晓自身所短所长，对自己的能力有个合理准确的预估。这样，就不会妄自菲薄，因为惧怕失败而放弃难得的机会；也不会好高骛远，在得知事件结果后，否认是自己的真实水平，并感叹"我其实可以发挥得更好"。对于认识自己这一步，我们会介绍一些实用的经验和方法论，并且教会你反思总结，更深层次地认识你自己。

认识世界与认识自己，往往是相辅相成的，外在信息的输入与自我行为的输出交替发生。多体验不同的环境，才能知道自己在这些环境下会如何表现。多尝试不同形式的自我表现，才能知道针对这些外在环境你会作何表现与反应。因此，加强内在自我与外在环境的交互，即是认识世界、认识自己的捷径。

　　在认识世界与认识自己的过程中，自我对世界的认识愈发全面，对自己的认识更加深入，知晓自己有什么、缺什么，自己能干什么、还需要什么，并渐渐地将外在的情势与自身的优势进行整合，正确的方向就会由此浮出水面。接下来的改变自己和改变世界，即是切实行动，使用正确的方法朝正确的方向前进。

　　改变自己，意味着根据正确的方向，改变自身的行为习惯，可以是生理上更加健康的生活作息或饮食搭配，也可以是从心理上提升自我的自律能力、抗压能力以及主动性等。打磨自己的过程是痛苦的，但你终将收获一个更加完美的自己。改变世界，是在将自己打磨得足够优秀后，用自己的能力影响周遭事物的发展。这一步，有的人或许会用十年甚至一生去实现。

　　在认识世界和认识自己这两步中，被动的观察占主要地位。在改变自己及改变世界这两步中，主动的行动起着决定性作用。然而，行动往往是最难的一步。真正做出改变，从来都不是件容易的事。人是会遗忘的，人们总是在睡前立下壮志决心改变，醒来后却又重复着一如既往的生活。人是有惰性的，很容易被眼前的欢愉所吸引，放弃对长远目标的追寻。当今的娱乐方式越发多样，娱乐成本不断降低，这些因素都在不断威胁着计划的执行。缺乏行动，现在是，并且将长期是实现目标的一大难题。如何克服拖延症，如何培养执行力，如何长期自律，都将是我们探讨的话题。

为什么大部分人对自己的生活不够满意？这是因为，大部分人都没有主动找寻逻辑的意识。每一样事物，呈现出来的都是表象，藏在内里的是逻辑。看不到逻辑的人，只能如盲人摸象一般混沌度日，怨天尤人，想要改变却又力不从心。看得到逻辑的人，却能如鱼得水一般随心所欲，用正确的方法朝正确的方向前进。

这就是逻辑的重要性，也是我们整理出这本书的目的。在本书中，我们将会给大家分享如何将理性的思维运用到日常生活中。也会用理论化的文字向大家展示这世界的理性之美，以培养大家发现逻辑、总结逻辑、运用逻辑的能力。

目　录

第一章

深度思考：一件事的四个象限

第二章

看清自己：为什么你总不能高度自律

第三章

高效学习：如何才能让自己不堕落

第四章

积极意识：先撕裂，后成长

第五章

有效决策：量化世界，让选择更完美

第六章

拓宽思维：人与势的博弈策略

第一章

深度思考

一件事的四个象限

一件事的四个象限

曾经在知乎上看到一个时间管理类问题的回答。

答主建议，要想更合理地管理时间、更高效地处理事务，不如先简单判断一下这件事的紧急程度和重要程度，然后再决定做不做、怎么做、何时做。最后期限设在明天的工作任务，紧急程度和重要程度都很高，最好集中力量优先处理；而出门逛街这项计划不算紧急也不重要，可以灵活调整，等正事忙完了再去做。

遵循这种思路，只要准确判断一项任务的属性，就能自然而然知道相应的处理方式了。如此，堆积如山的任务就可以根据轻重缓急排好队，然后有条不紊地进行处理。

后来，我在同时应对多项任务时，也会参照这种思维模式，让各项任务在时间轴上错落有致地分布，做每件事时都会尽量全神贯注、心无旁骛。如此一来，不仅工作效率得到了大幅提升，心态也变得更加从容。

四象限法则

你也许注意到了，不少日程本的扉页都会印制这样一个表格——用坐标轴的形式，将待办事项划分为如下四大类别：既紧急又重要、重要但不紧急、紧急但不重要、既不紧急也不重要。

重要不紧急事件	重要紧急事件
不紧急不重要事件	紧急不重要事件

四象限法则

这种分类方法，叫作"四象限法则"。而生活中的每一件事，正如那位答主所言，都可以归为四象限中的其中之一。

第一象限的"重要紧急事件"，往往是压力与焦虑的主要来源。迫在眉睫的最后期限，第二天的工作汇报，三天后的考试……都位于这一象限。"重要"是因为它们对后果有着决定性作用，而"紧急"则大多源于前期没有规划好时间，导致重要任务堆积到最后，需要在短期内匆忙完成。这类事件，徒增工作压力而质量难以保全，所以要尽量避免。

第二象限的"重要不紧急事件"，是决定人与人之间差距的分水岭。小到培养生活技能、完成长期学习计划，大到建立思维模式，提升综合实力……这些暂时看不到成果的努力，经过日积月累就可以生成巨大的复利。在这一类事情上尽量多分配时间和精力，防止它们落入第一象限，这样才能让事情得到合理规划，让能力稳步提升，从而有条理地完成工作。

第三象限的"不紧急不重要事件"，是让我们效率低下的罪魁祸首。刷朋友圈、吃零食……这些事情没什么意义，但极具诱惑力。虽然美名其曰放松身心，但它却在不知不觉中将我们完整的时间瓜分得一干二净。因此，对于这个象限，我们要把握绝对主动权，只可将其视为调剂生活，决不可沉溺其中难以解脱。

第四象限的"紧急不重要事件"，则是让我们日夜奔忙但又好像一事无成的缘由。突如其来的任务、难以推脱的应酬、盛情难却的尬聊……这些没有益处却又需要解决的事项，成了四个象限中最令人无奈的事情。这类事情，既没有一、二象限的关键性，也没有第三象限的愉悦性，白白占据时间，最好能不做就不做。

根据每一类别的属性和特点，我们也可以这样总结——

重要不紧急事件	重要紧急事件
要 事	**急 事**
不紧急不重要事件	紧急不重要事件
闲 事	**琐 事**

简而言之，就是多做要事，避免急事，拒绝琐事，少管闲事。

该做什么，先做什么

周末上培训课的时候，我的手机震动了一下，是老板发来的工作邮件。我赶紧点开，原来是要我在今晚前帮他整理好资料。礼貌性地回复了邮件后，我顺手打开微信，看到了闺蜜发来的约饭邀请。果断回复了"同意"，又情不自禁地与她斗了会儿图。突然，手机屏幕又跳出了某美妆博主的新消息，于是我又戳进微博，对着几款唇膏色号啧啧称赞。等我从曼妙的神游之旅中回过神来，才发现已经跟不上老师的讲课节奏了。

这令人懊恼的一幕，时时刻刻在我们的生活中上演着。无处不在的干扰项，总是突然闪现出来打乱我们原本的计划。然而仔细看一看上述场景，有哪些必须要做又有哪些可以不做？哪些要优先去做，哪些可以随后再做？

放在当天来看，上课学习属于重要但不紧急事件，回复邮件并完成工作属于重要紧急事件，跟闺蜜约午饭属于紧急但不重要事件，欣赏口红试色则是既不重要也不紧急事件。所以，最佳处理方式应该是先专心上好课，下课后处理工作，约不约饭都无所谓，等有闲工夫再刷微博。

但很明显，我们的兴趣偏好与本该处理的顺序恰恰相反——相比于重要的学习和工作，不重要的闲聊和娱乐总是更吸引人。这也是为什么，我们总觉得自己碌碌无为，却对此无能为力。因此，提升效率的关键，在于判断事务处理的优先级，并根据各类别事件对应的方法论，坚定且专注地逐一执行。

我们常常抱怨自己太忙，有太多事情要做。但仔细审视我们生活的构成，就不难发现，我们把大部分精力都分配给了第三和第四象限的不重要事件。在第二象限"重要不紧急事件"（读书学习、提升能力）和第三象限"不紧急不重要事件"（玩游戏、刷手机）的抉择中，我们通常会选择后者。我们不是时间太少事情太多，而是时间分配得不够合理，或者说，是理智的大脑没有打败贪玩的心魔。

四象限思维模式

"四象限法则"当然不仅限于衡量事物的重要性和紧急性，这种坐标化的思维模式，也可以改换纵横坐标，灵活应用于各种场景。

每一种食物，都可以归属于"美味又健康""健康但恶心""美味不健康""不健康又恶心"的其中一类。通过对食物属性的归类，人们就可以在即时享受和长期获益之间进行简单的选择了。

相比于"重要紧急四象限"，同样应用到四象限法则的"收益半衰期"理论，则更专注于指导我们判断"该做什么"。通过考虑收益（金钱回报、精神满足、个人成长）和半衰期（收益持续的时间）两个因素，来衡量一件事是否值得去做、值得花多少精力去做。

在此，我用提升颜值的几条途径来举例说明：健身属于"高收益、长半衰期事件"，化妆属于"高收益、短半衰期事件"，做美甲属于"低收益、短半衰期事件"，买衣服属于"低收益、长半衰期事件"。

再例如，傅盛老师曾经在文章中讨论了人类的认知状态对其所处阶层的决定性作用，并发表了自己对认知升级的见解。文中提出的四种认知状态，也有着类似于"四象限法则"的分类模式。

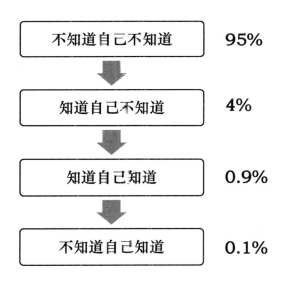

人的四大类认知状态，层级越高，人数越少

绝大部分人处于"不知道自己不知道"的一无所知却自以为是的认知状态，与之相对的，则是极少部分"不知道自己知道"的博文广知且虚怀若谷的强者。而认知境界上的差异，直接或间接地决定了一个人的工作实力、思维水平和社会地位。这种四象限法则，可以帮助我们审视自己的认知状态，并引领我们做出心态上的调整。

建立"四象限"思维模式的关键，在于找到两个"维度"去分析问题——时间管理中的重要与紧急、食物的美味与健康、收益的多少与半衰期，等等。从两个"维度"来分析问题，就能建立起一个平面，并将事物精准定位到某个坐标，再用自己的价值观进行具体的定义以及全面分析。

这种思维模式，不仅有助于理性看待事物、高效处理事务，更能引导我们揭开表象，剖析真相，建立联系，深刻思考。纵观当今时代，网络媒体野蛮生长，新闻界内乱象丛生，在利益驱动下，信息庞杂繁复，黑白颠倒随处可见。因此，形成思维体系，养成独立的思考习惯，就显得极其重要且可贵了。

不受外界纷乱侵扰，有自主意识地生活，并能够自由掌控自己的大脑，就是世界上最美好、最难得的事。愿读到此文的你，心中是山河大海，大脑有一座城堡。

世界是一颗骰子

"不确定性"中也有"可控性"

骰子，这个生活中频繁亮相的小立方体，在每一次出手后，经过几秒的旋转、碰撞、摩擦，几经摇摆最终落定。因其结果的随机特点，骰子在影视剧情中往往被赋予了"决定命运"的奇幻色彩。

实际上，细致分析可以得出：每次骰子朝上的点数并不是完全随机的，而是由诸多因素共同决定的——包括抛出时的角度、速度以及桌面的摩擦碰撞情况，等等。

因此，倘若可以精确测量这些变量，我们就能够掌握骰子的运行规律，并预测最终的点数。

类似于掷骰子这样的不确定事件，在现实生活中比比皆是。有一些相对容易预测，如心跳的脉动、呼吸的频率；还有一些则变换多样，如说走就走的旅行、突如其来的桃花运。70亿人的故事每天都在上演并相互影响着。我们所在的世界，正如一个宏大的轮盘，在时间的单向驱使下不停地运转，因此充满了多变性和复杂性。

世上的每件事都是一个骰子——一个远不止六面的骰子。如果有人能够同时掌握这个世界的所有事件、所有骰子的具体情况，那他就可以透过表象，看清本质，分析规律，预测未来。

点数背后的数据世界

骰子的背后是角度、速度、摩擦碰撞等因素，而现实中每件事背后，也藏有许多小秘密，待我们去一一挖掘。

举个例子，我们在生活中常常会见到各种各样的店铺和品牌，它们为我们提供着琳琅满目的商品和服务。而这些表象的背后，又潜藏着什么样的深层真相呢？

在香港，惠康是规模最大的连锁超级市场品牌。在地窄人稠的香港，它有着多达300余家的分店，市场占有率高达39.8%；但它的竞争对手，市场占有率为33.1%的百佳超市，实力也与它不相上下。

这样的现象不止一个，主打个人护理产品的万宁在香港有近400家分店，其主要竞争对手屈臣氏，亦是实力雄厚。

这四大品牌，在香港每走两条街就能遇到一家，每个品牌都实力非凡。竞争对手间势均力敌且能够长期共存，这样的"两极格局"，看起来是不是有点蹊跷？为什么会出现这样的情况呢？

真相是，这些品牌各有阵营。香港300多家惠康，近400家万宁以及近1000家7-Eleven便利店，全部归属于牛奶公司旗下；而百佳和屈臣氏，则由和记黄埔所有。除了这部分业务，和记黄埔公司还涉及港口（香港国际货柜码头）、能源（香港电灯集团，俗称"港灯"）及通信等产业；牛奶公司则全资或部分掌控着香港、澳门、中国大陆乃至整个东南亚地区的星巴克、宜家家居、7-Eleven便利店、美心西饼、万宁、惠康等品牌。

是不是感觉牛奶公司与和记黄埔都好厉害？

然而，故事的幕布不止一层。

牛奶公司的终极大股东是怡和集团，和记黄埔则归长江集团所有，两者都是涉及金融、地产、科技等多个产业的巨型跨国公司。而怡和集团的背后，又是凯瑟克家族，长江集团的大佬，则是众所周知的李嘉诚。

除了这两家，世界上还有许多大到能源、基建、房地产，小到交通、餐饮、橡皮擦，什么产业都有所涉及的超级巨头，譬如三星集团（除了曾经爆炸的Note7，他们也建起了世界第一高建筑——迪拜塔）、三菱集团（除了汽车，"影像·从心"的尼康也归其麾下）、太古集团，等等。同样的，在他们幕后，也都有声名显赫的家族或财团撑腰。

因此，你了解得越多、眼界越宽广，看到的就不只是表面的惠康 vs 百佳、万宁 vs 屈臣氏，亦不是牛奶公司 vs 和记黄埔，而是凯瑟克家族 vs 李氏家族，抑或是更深的，我们也尚未看到的一层。

这就是眼界的重要性。越是见多识广，越能登高望远，越容易透过表象看本质，分析与预测的能力也就越强。而拥有这种能力的人，就越能在这激烈的社会竞争中先人一步、把握机会、轻松取胜。

观测值与真实值

如何准确测量骰子背后的速度、角度、摩擦等影响因素？

一个基本的事实是，我们对每件事的认知，永远只是观测值，而事件背后的本质则是真实值。观测值与真实值之间往往存在一定的偏差，而这些偏差的来源有些是客观的，有些则是主观的。

举个例子，当一辆鸣笛火车向我们驶来的时候，由于多普勒效应，我们听到的音调（观测值）会比火车实际鸣笛的音调（真实值）高——这是物理规律所造成的客观偏差。而当被问到去年全球平均 GDP 增长率时，各大机构会提供各不相同的数值——这则是信息数据来源不同、分析计算方法相异所造成的偏差。

如何减小这种偏差，使得自己对世界的认知更接近真实值呢？

数理统计中有个概念叫大数定律：随着试验次数的递增，事件发生的频率将趋于一个稳定值。比如，我们上抛一枚硬币，硬币落下后，哪一面朝上都是偶然的。但当我们上抛1000次硬币之后就会发现，硬币每一面向上的次数约占总次数的二分之一。

同样，在现实世界的每一次观测中，我们往往只能得到"这次是正面"或"这次是反面"这类单一且表象的信息，而并不知道其"二分之一"的本质。因此，增大观测量、多去体验和尝试，通过知识与经验的积累来建立对事件的宏观认知，往往就能向"二分之一"的真相迈进一大步。

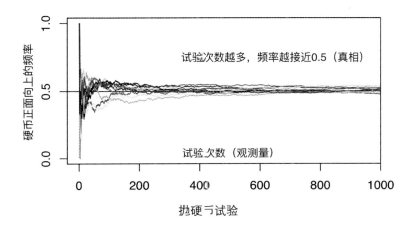

不过，一件事的真相往往不是一个单纯的"值"，还有可能是二维的"坐标"，坐标中心原点则代表着本质与真相，而其周围散乱的点，则是对其一次次的观测与体验。观测和体验越接近中心原点，我们就越接近真相。

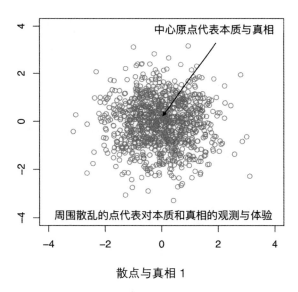

散点与真相 1

以上探讨的仍是单单一件事。而我们身处的世界，是由无数件事构成的复杂而庞大的体系。简单来看，假设人这一生只做四件事"吃、喝、拉、撒"，我们就可以把每件事看作三维四面体的一个顶点，其周围散乱的、具有三维坐标的点则是对真实值的一次次观测。并且，这四件事可以相互影响、相互作用，并且强度不一、形式不同。

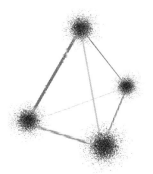

现实中的需要观测的事件不止一个
事件之间又相互影响，相互作用

散点与真相 2

当然，现实世界是极其复杂的，远不只是三维的四面体，还有可能是四维的超立方体，或者是多维的、未知的、难以用语言描述的情形。

因此，我建议大家多抛骰子，以对其速度、角度、摩擦等影响因素形成宏观而准确的测量，从而更加清晰地把握规律。这样，分析和预测最后的概率就变得相对容易了。

总而言之，增大观测的次数，是探寻真实值的最佳途径。也就是说，勇于尝试、体验生活、探寻未知，是开阔眼界、探究世界的不二法门。"身体和灵魂，总要有一个在路上"便是这个道理。

不过，需要强调的是，很多事并没有真实值，即没有正确答案。三维四面体周围的每个散点，可以看作是每个人对某件事的主观看法；而众多散点聚集的中心，则是大多数人的看法，即社会主流的声音——例如人们对美的众多标准，汇总形成了一个最主流的大众审美。

你也许会问："那么增大观测值，多体验生活，了解更多人的想法，是否会使我的立场与社会主流声音越来越一致，变得人云亦云、丧失自主判断能力呢？"

当然不是。

科尔伯格在"三水平道德发展论"中提到，处在第二水平——习俗水平的个体，已经能够主动去了解、遵守并执行社会规范；而处在更高的第三水平——后习俗水平的个体，造诣就更高了。他追求的是整个人类群体的正义和尊严，并已将此内化为自身的道德命令。可以说，他的道德判断已超出世俗的法律与权威的标准。

这也是宏观意义上，人类认识世界的过程。

多去体验生活，汲取别人的见解，是为了探究社会如何运行。你不一定要跟从社会主流，但要了解社会主流，从而对世界有宏观的认知，能形成自己独到的观点，构建自身独特的立场。而这，也就是所谓的"博观而约取，厚积而薄发"。

冬凉夏暖看逻辑

长久以来，我们都生活在这样错综复杂的世界里，主动或被动地接受着无数的信息，有的可以带来些收获，有的却混淆视听。事情的脉络与原委，通常在汹涌的舆论浪潮中变得真假难辨。那么我们该如何保持理性的思考，如何能在众说纷纭中不迷失自己？

因为冬天冷，所以夏天热

这听起来好像有点道理？冬天冷，夏天热，这是大家都能观察到的事实。但是，若给它们加上一个因果关系，就显得有些奇怪了。

当我们接触到某些信息时，很容易就会去思考其背后的原因，然后做出假设，构建可能的因果关系。比如今天不幸拉了肚子，而昨晚正好在一家新餐厅就餐，那你自然而然就会怀疑是食物的原因；早上拉开窗帘发现地面潮湿，昨天又比较闷热，那多半是昨晚下了雨。需要注意的是，像是"尝试新食物"与"拉肚子"、"下雨"与"地面潮湿"这样的事件非常多，但并不是只要两件事有关系（relationship），就一定是因果关系（causality）。

除了直接的因果关系外，两个单独事件 X 和 Y 都可能会受到另一个因素影响。这个因素叫作混淆变量，顾名思义，它的作用就是混淆。在实际生活中，它往往不容易被人们发现，人们通常只会观察到 X 和 Y，然后就将其归为直接的因果关系。举个神奇的例子：X 是雪糕销量，Y 是溺水人数；数据表明，雪糕销量越高，溺水人数也越多，似乎吃雪糕与溺水之间存在着必然的因果关系。事实上，这里存在混淆变量——季节。夏天，天气非常热，雪糕销量自然就会上升，同时去游泳的人也增多，于是溺水人数上升。换句话说，夏天的到来会造成后面两个结果，但是这两个结果之间并不存在必然的因果关系。

这个混淆的例子倒还不会直接影响到我们的认知。我们再看这样一个例子：数据表明，收入越高，患疾病的风险也越大。你会觉得应该是收入越高，生活水平越好，对健康医疗也越重视，怎么还会增大患病风险呢？这次，背后的混淆变量是年龄。通常来说，收入会随着年龄增长而升高，患病风险也会随着年龄增长而增大，于是我们观察到的现象就是收入越高，患病越多。但同样的，这两个结果之间是不存在因果关系的。所以，下次看到"震惊！越……越……"这样的标题时，就可以先考察一下它们之间到底是否存在着因果关系，以免被混淆变量扰乱视听。

除此之外，X和Y之间还可能存在复杂的多重关系，包括间接因果、混淆变量等。生活中很多事都归属此类，比如付出与回报——付出越多，回报就越多吗？获得回报是否会激励继续付出呢？在学习、爱情及事业上，都有很多类似的问题，值得深思。

我们经常会读到这样的励志短文——以"从前有位贫苦的年轻人……"开头，然后讲述他的一些耐人寻味的小故事，最后以"他，就是当今xx公司的CEOxxx"结尾。他年轻时的小故事与后来的成功，真的有很强的因果关系吗？其实这些往往只是和成功共享了一些影响因素。

总之，因果关系并不是随随便便就能得出的，两个事实间可能存在间接因果，也可能存在混淆变量，还可能有更复杂的关系。难点与要点正在于形成清晰的分析逻辑，不被所谓的"证据"所迷惑，构造谨慎全面的思维体系。

冬天冷，夏天热

也许是出于好奇，也许是为了在不确定的未来中寻求安全感，人类倾向于从已知的事实中提炼出更有价值的信息，得出想要的结论。遇到问题时，除了从因果面分析，有时候还会从事实反面思考、逆向思考、替换思考。

常见的方法是，考虑情况的互补面，然后进行逻辑推理。我们看看这道常见的脑筋急转弯：

王师傅是卖鞋的，一双鞋进价20元卖30元，五一节八折优惠，顾客来买鞋给了一张100元的钱。王师傅没零钱，于是找邻居换了100元零钱。事后邻居发现钱是假的，王师傅又赔了邻居100元。请问王师傅一共亏了多少？

这道题常常被冠以"一道看你是否具有商业头脑的题""100人中99人会算错！"之类的标题，关键的难点是王师傅和邻居之间的交易带来的干扰。但从邻居的角度分析，邻居不赚不亏。因此，盈亏只发生在王师傅和顾客两人身上。要算王师傅一共亏了多少，最简便的方法是：考虑"亏"的互补面——"赚"。这个情节里只有顾客赚了，因此问题就等同于顾客一共赚了多少。很明显，顾客收到了$100-30 \times 0.8 = 76$元真钞以及一双市场价值$30 \times 0.8 = 24$元的鞋，因此王师傅总共亏了$76 + 24 = 100$元。

这个方法是基于"王师傅亏损=顾客赚取"的事实，也就是说，在"王师傅亏损"这五个字中，我们将"王师傅"替换为"顾客"，再将"亏损"替换为"赚取"，最后的结果和原来是等价的。从反面的角度出发，看似复杂的问题一下就变得清晰起来。

不过，如果把"今早我吃了饭"中的"今早"换为"昨晚"，"吃了"换成"没吃"，就变成"昨晚我没吃饭"，可能就并不符合事实。若将"冬天冷"里面的"冬天"换为"夏天"，"冷"换成"热"，变成"夏天热"，则又非常符合事实。

因此可以看出，选择一些反面情况去替换，可能符合也可能会不符合事实，但可以给我们提供一些思考的方向——如果事实是"人民币升值会带动境外消费"，那么就可以思考"人民币贬值会削减境外消费"，"外币升值会带动境内消费"的论述是否成立，由此也有了许多探索的方向。日常生活中我们也常常这么想：期中考得很难联想到期末会不会比较简单？这家店口碑不太好联想到隔壁那家可能会好一些？虽说替换后的论述不一定成立，但多一种思考的方式，就会多想一种可能的结果，考虑问题也会变得更加周全。

在当今的互联网时代，发表声音的成本很低。扩散声音的途径多样，耍些花招就可以博取关注度，再加上网络身份与真实身份的隔断性，隔着一层屏幕，仿佛也多了一层盾牌。身为信息接收方的我们，很多时候不能作为当事人去触碰事实真相，只能透过媒体的屏蔽与加工，看到那些主观意味浓、真假难辨的消息。

因此，在这样嘈杂的环境中，保持理智、保持清醒就变得尤为重要。看到那些"惊！真相竟然是……"之类的标题，不如多想一想，事件背后是否真的有因果关系、结论是否真的成立、事件还有没有其他可能性。

我们必须牢记的是，无论在何时何地，清晰的逻辑、严谨的思维，都要比劲爆的标题、戏谑的吐槽更加珍贵。

一场面试，一次相亲

　　人呐，到了奔三的年纪，迫于父母长辈的压力，迫不得已需要赴各种媒妁之约——昏黄灯光之下，两张椅子端端正正地摆放于餐桌前，男方女方身着正装，点头微笑，礼貌握手。

　　这程式化的一幕，是不是像极了面试现场？转念一想，在这个婚恋态度理性化、择偶条件标准化的时代，相亲和面试乃至谈判本身就有着很大的相似性。今天我们就暂且放下对罗曼蒂克式爱情的憧憬，一起来看看相亲和面试的共性，以及如何在两种场景下都能过关斩将、突破重围。

共性一：考核迅速的自我展示能力

　　每次去面试或者见重要的人，我总是恨不得把自己的全部家当都搬出来展示给对方。人家要是问我上过什么经济课，我就要从宏观经济学扯到中国经济政策；人家问我有什么兴趣爱好，我就努力把话题扩展到文学、体育、艺术、哲学等各个领域；人家问我暑假干了什么，我就会把异国支教经历延伸到国际文化交流层面。

总之就是处心积虑地展示思维，千方百计地卖弄学识，让人家觉得自己有文化、有头脑、有谋（心）略（机），和外面那些傻白甜很不一样。

当然了，在交谈的过程中，我也会努力做到姿态端正，举止大方；出门之前，更是要沐浴更衣，精心打扮，就连见面时的呼吸都要反复练习。以上所作所为，都是为了让美好的形象先入为主，在面试这短短的半小时内，让对方对自己产生良好的印象，生成全面的概览，从而有兴趣对自己做深入的了解。

如果你像我一样有定期看《非诚勿扰》的雅兴，那么这个道理就更浅显了。所有上场的男嘉宾，都会打扮得油头粉面、意气风发，使尽浑身解数在几分钟的个人VCR中展现出自己最出色的一面，你看我有房有车有公司，你看我多么孝顺多么暖男，你再看我的朋友们对我评价都那么高！因为只有迅速给人留下出色的印象，才能在此后的灭灯环节占领优势，在与女嘉宾的交流过程中底气十足。

你看，相亲的目的、模式和手段都和面试大同小异——首先，你一定希望在对方面前能留下好印象，在自我"推销"的过程中，让对方欣赏自己；再者，相亲与面试都发生在较短的时间内，你往往只有一顿茶歇的工夫，去赢取对方的欢心，在其脑海中勾勒出最理想的模样；最重要的是，如果你不会呈现自己，那么就算你实力再强再有内涵，对方也不会知晓。

共性二：态度比能力更重要

社会上一直流传着一句不成文的规定——面试过后，最好给面试官发封邮件致谢，并殷切盼望对方给予自己一个简短的评价，以期进行自我提升。就像每一位有理想有抱负的男孩，都应该记得在约会结束后问姑娘一句"到家了没"。

无论是面试、相亲还是其他，态度都是与人交往时非常重要的一个元素。我曾经是一个顽固不化的迟到少女，曾创下在集体出游中迟到50分钟的记录。后来我在面壁思过中才逐渐醒悟：与人交往，一定要给予对方足够多的热情、关注和配合，让对方感觉，自己在用心地取悦对方、尊重对方。

你的无心之失，很容易被当作态度问题——你不小心迟到极有可能会被理解为"不认真"，你随口而出的玩笑话有可能被理解为"不尊重"。因此，我们要100%用力地表达出自己的态度——而它的表观体现，就是你热切的问询、主动的沟通，或者无微不至的关怀、宽以待人的包容。

对公司来说，候选人的态度是否积极和真诚是面试过程中的核心考察要素。因为但凡你已经进入了面试这一关，那么条件和能力都是经过用人单位甄选过的。这个时候，面试官以及管理层最看重的，就是你愿不愿意为公司提升自己、调整自己、奉献自己，为公司的集体利益努力，争取创造更多的收益。

"笨鸟先飞""勤能补拙"这些耳熟能详的成语，强调的无非都是态度的重要性。相亲中是否足够殷勤能体现你对恋人的态度，面试时是否足够热情能体现你对公司的态度，生活中是否足够努力能体现你对人生的态度。态度端正体现出用心专一，而世间难事万千，终究敌不过"用心"二字。

共性三：越在意，越容易玩砸

我一个久经沙场的哥们一相亲就打嗝，也有朋友一面试就紧张地双腿直哆嗦。对此，我总会故作潇洒地一挥手——至于么！相亲未遂也可以做朋友，面试过不了也能积累经验。买卖不成仁义在嘛！

也常有人在重要场合过于焦灼，不幸与自己朝思暮想的机会失之交臂。我有个闺蜜，有天在逛街的时候突然看到了林俊杰，那一瞬间，幸福、紧张与兴奋一齐涌上了大脑，她手足无措、全身战栗但最后还是没能鼓起勇气上去搭话，最后只能目送他消失在人群中。

听了这些，我气得一句话也说不出来。换作是我，肯定会要签名、要合影、邀请合唱顺便求婚一气呵成了！有什么好怕的？反正我偶像是周杰伦。

相似的案例还有很多——年级第一的"数学王子"在高考中发挥失常；竞选前一晚睡不着觉导致第二天精神状态极差；局促不安的面试表现毁掉了扭转命运的机会；见公婆显得太没自信而被打差评……你越在意一件事，越容易把机会毁在自己手里。道理很简单，过分的紧张会使你状态不佳且信心不足，因此无法发挥出自己的真实水平。

所以，别让姑娘觉得你咄咄逼人，也别让面试官觉得你缺乏胆魄。相亲时坦诚大方，面试时不卑不亢，即使事情成不了也不会怎样，正所谓"波澜不惊，宠辱偕忘"。

不要让珍贵的机遇，毁在你的过分在意上。

共性四：没有好与坏，只有适合不适合

之前给某公司投简历，只收到一封"很抱歉，我们没有适合您的职位"的回复，让我伤心了好几天。

那心情，大概和收到女神发的好人卡没什么两样。"你是个好人，但我们不合适。"年轻气盛时的我一定会怒吼一句"扯淡"，但现在，我会云淡风轻地对自己说，"好像是这样。"

越长大，越发现时间宝贵。时间有限，要和最合适的人一起度过，要去做最符合自身能力、最能激发自己潜力的工作。

三观不合的两个人很难走到一起，安静的人注定不适合激烈竞争、压力巨大的生活。因此，无论是情场上还是职场上，都没有好坏之分，只有合适不合适一说。

博览世界，纵观历史，又何尝不是这样呢？天子或百姓，雅士或枭雄，都拥有独一无二的角色。除却相亲和面试，世上又有什么事不是这样呢？了解自己的性格，发现自己的偏好，找准自己的定位，明确自己的方向，方为走上成功之道的不二定理。

AI无法超越的优势

　　智能机器AlphaGo战胜人类后，AI这个日趋火爆的关键词，持续牵动着我们的关注点和恐慌情绪——当AI拥有人类难以匹敌的学习能力，我们还有没有立足之本？我们的工作是否终将被人工智能所取代？人类社会是否会被AI摧毁？

　　就在今年夏天的高考期间　AI再次成了人们关注的焦点。这一次，AI走进了高考数学考场，在全封闭的环境中，在公证人员的监考下，与人类进行了一场智商大比拼。

　　你也许会说，会做数学题有什么了不起，有本事挑战阅读理解啊！那么对AI而言，文学创作是否真的不可实现呢，理性思考就一定比人类占据优势吗？

　　想到这里，我忍不住开始琢磨一个有趣的话题：如果让AI参加高考，它每个科目分别能拿多少分呢？

数学－考核能力：逻辑思维（预估分数：135分）

数学考试的核心，就是逻辑思维能力。而《考试说明》中对逻辑思维能力的定义，是"会对问题或数学材料进行观察、比较、分析、综合、抽象与概括；会用演绎、归纳和类比进行判断与推理；能准确、清晰、有条理地进行表述"。就是"读题""解题""表达"。

这些能力对应到AI身上，就分别为"解码翻译""选择解题路径""转换语言"。人类虽然省去了来回转换语言两个步骤的操作，却在"解题"这一部分惨烈败北。AI可以在脑中储备海量试题素材，并参考人类的思维模式编码出条条公式，在极短的时间内生成多条解题途径，然后选择最优的一种进行完美解答。而人类考生在这一环节的唯一优势，大概就是能写出更漂亮的"解"字了。

对数据的识别和处理能力上，AI可以打败全国98%的考生。就在6月7日，一只名叫Aidam的高考机器人仅用10分钟的时间，就考出了高考数学134分的佳绩，实力与同台状元考生持平。所以，保守估计AI在数学考场上能考到135分，而且这个分数只少不多。

英语－考核能力：听说读写（预估分数：110分）

就目前来看，英文考试对考生思维能力的考核并不多，主要还是考察语言能力,如词汇、语法、造句、行文。所以仅看语言能力,AI还是如鱼得水的。

但这门考试在AI眼中的难点,恰恰隐藏在广大考生熟视无睹的地方——一些感性化的元素。听力考试的语境题,人类可以从句子的语调节奏判断主人公的情绪;做完型填空题,人类可以在解题过程中摸清剧情梗概来分析意思。而这种复杂多元的、社会性的逻辑推理过程,在技术尚未成熟普及的环境下,对思维模式完全理性的AI无疑是无法完成的。

其实,感性化元素贯穿在英语考试的整套试卷中。如果完全去除人类的社会性,阅读理解题绝对会难度倍增。也就是考时态、考词句之类的常规题,或者考查学生素材积累的作文题,AI可以凭借庞大的数据库扳回一局。因此,估计AI英语考试只能得110。

对人类社会的全面掌握,以及适当的感性化思考,是人类考生得天独厚的优势。这一点,在处于主打逻辑的数学和主打理解的语文之间的英语考试中,得到了充分的体现。

语文-考核能力:理解与创造(预估分数:90分)

我们都知道,大脑处理文字和处理数字的思维体系是大相径庭的。因此,大家可能会认为,AI语文考试肯定要跪,因为它没有创造力。

　　然而，一本由人工智能创造的诗集《阳光失了玻璃窗》，像坠落于平静湖面的石子，打破了我们的固有认知。而且这些诗歌绝非简单的辞藻堆砌，其中的美感、韵律和哲学性，甚至远超一些实体诗人。

　　也许这听上去有些骇人听闻，但我们转换一下思路就能理解了。首先，我们要思考一个问题：所谓的创造力，真的是无法拆解的吗？

　　其实在我看来，一切感性的表象都由无数理性的零部件组成。

　　我们都相信"读书破万卷，下笔如有神"，其实这正揭示了AI可以拥有创造性的原理。采集足够大的素材库，将其中不同属性的元素分门别类，并彼此建立联系，如此，便形成了一种外观玄妙内在简单的逻辑链条。

　　譬如意象的使用，看到"雪"就联想到"凄凉"或"纯洁"，又引申到烈士的牺牲或少女的贞洁；再譬如通感，将视觉、听觉、味觉、触觉融会贯通，再调谐以语境的情感基调。

　　文学境界表象背后，其实都是再简易不过的算法。而这种寄情于物的能力，意识跨界的能力，被理解为情感细腻丰富的能力，AI只会比人类做得更好。

　　再回到高考语文。即使AI拥有创造性，我仍然不觉得它可以考好高考语文。

　　首先，高考语文考查的远不止"创造性"，而是联系文本，加入自身理解，再进行二次创作的过程。这个过程比文学创作的过程要复杂得多，再加上有时还要融入积极向上的核心价值，旁征博引的历史典故，千回百转的情节设计，精巧瑰丽的遣词造句，至少目前来看，AI还是很难掌握如此庞杂的体系的。

过来人都明白，如果一篇文章不扣题、没有核心，那么即使它再华美再讲究再有文学性，也只能被收录至《高考零分作文选》。而这对目前的AI来说，大概是一场难以挣脱的宿命。

综上所述，估计AI的语文高考不会超过90分。放到2017年，要是让AI看到浙江语文阅读题《一种美味》，恐怕要表演原地爆炸了吧。

理综－考核能力：知识加推理（预估分数：270分）

理综应该是AI比较拿手的一门。物理、化学与生物，都是非常典型的逻辑思维类科目，可以完全剥离于感性思维模式之外。它和高考语文的算法设计难度之间，恐怕相差了无数个高考英语。

理综考试可以分为两部分：知识和推理。知识指各种定律和公式的常规题目，推理指需要加入情境或实验设计的题目。对AI来说，后者略显复杂，但由于其知识体系的全面性和思维的敏捷性，这些还是构不成威胁的。所以不出意外的话，AI理综这三门都可以考到90分上下。

值得一提的是，同一道题，普通考生只能用逆向逻辑推理，而AI可以凭借庞大的知识储备，调取出全部题目的相关数据，用"流氓式"的手段进行正向解题。

毕竟，整个出题组的老师的知识储备加起来也许都不如一个AI多。

把以上成绩加起来，AI的总分数可能并不比一般的考生低。

但就算它的成绩超过了全国99%的用户，即使某一天它可以轻轻松松考上最高等学府，它也不会欣喜若狂，像人类一样嘶吼咆哮，拥抱亲人，流下激动的两行热泪。

人类的感性是融入血脉之中的，理性的能力却要通过后天培养。AI的代码中写入了理性，感性对它们来说，反而是一种永远无法奢望的技能。

AI擅长的，是我们的短板；同样，我们拥有的，恰恰是AI没有的。AI拥有智慧，却缺乏意识，至少现在看来，它缺少情绪和感染力，缺乏人类繁复的思维模式，因而缺乏迎合人类社会的能力。

也许它并不需要去迎合，在未来的某一天，它甚至可能突破人类的社群架构，形成自己独立的文明体系。但那又怎样？我们必须明白，我们不屑一顾的正是我们赖以为生的。我们身上感性的、情绪化的软肋，也许恰恰是令我们强壮的、无可替代的铠甲。

禀赋效应的怪圈

2017年10月，诺贝尔经济学奖授予了美国行为经济学家理查德·塞勒。评审委员会点评道，塞勒将心理学的现实假设与经济学的决策制定结合了起来，通过探索人性的弱点（缺乏理性、社会偏好、自我控制力不足等），分析了它们对于个人经济决策以及市场结果的系统性影响。

传统经济学理论中，一项决策的损失往往被假设等同于机会成本。而在塞勒的行为经济学理论当中，客观意义上的钱或物，在不同的主观环境下，对同一个人不同时间点体现的价值也是不同的。

例如，你收到了一个月薪10000元的聘用通知，并且欣然接受了它，开始满怀期待地憧憬工作后的生活。这时候，如果又有一个电话打来，是另一家公司也要给你月薪10000元的通知。

而你，十有八九会拒绝第二个邀请。

两个邀请的价值明明是一样的，为什么你对它们的态度会截然不同？

塞勒提出的"禀赋效应"，正好解释了这一现象：当你拥有一件物品之后，你对它的估值会高于你没有拥有它时的估值。因为人们厌恶损失，厌恶自己原本拥有的东西失去的感觉。这种厌恶，是重新拥有一个相似之物无法弥补的。一定量的损失给人们带来的效用降低，要多过相同的收益给人们带来的效用增加，这就是人类本性的"损失厌恶"规律。

因此，人们在决策过程中，对利害的权衡往往并不理性——对避害的考虑远大于对趋利的考虑。这样，就会极大程度地影响决策的质量，间接导致损失。

我们都被自己骗了

我们的大脑，经常会掉入禀赋效应的陷阱。

假设你早上出门上班时的开心指数是100，突然你捡到一百块钱，开心指数迅速上升50%，达到150。可是乐极生悲，你迟到了，又被扣掉一百块的工资，于是开心指数下降50%，变成75。

一得一失，自己的经济状况又回到了原来的样子，但开心指数却从100降低到75，心情反而变糟了。

再比如，你在庙会上玩打气球的游戏。如果游戏规则是每击碎一个气球，就能得到一个小礼物，共有十发子弹，你击中了四个，最终得到四个小礼物，心情愉悦。但如果游戏规则是交钱后先给你十个小礼物，每打偏一次就要收回一个，最终被收回六个，留下四个。同样的礼物数量，你这一次却体验到更多的是遗憾。

这两种情境其实无甚差异，唯一的不同就是得到与失去的顺序。第一种是先失去（因为基数为零）再拥有；第二种是先拥有，再失去。一个加法一个减法，最终得到的数字虽然相等，但心态却是天壤之别。

这就是大脑给我们营造的假象：客观结果一致，主观感受却不同。所以，我们对某件物品价值的判断会受到主观意识的影响；我们眼前事物的本质，不一定就是我们感觉的样子。

这种误判往往会给我们的认知和决断带来不利影响。要想避免掉进思维陷阱，就要先意识到它的存在，再用客观、理智来做出准确判断，尽量避免被及引进陷阱里。

钱要花出去才能挣回来

基于损失厌恶心理，很多人对手中持有财产价值的评估，远大于它所能换来的物品的价值。他们"敝帚自珍"，对既有资产看得过重，下意识地排斥失去它们的局面。所以，即使交换回来的事物更有价值，他们也会本能性抗拒。

正因如此，他们经常会与更有价值的事物失之交臂，在一次次选择中错失良机。

就像一个鸡肋工位上的职员，或许用同等的时间和精力可以在其他岗位创造更多价值，但他讨厌失去当下生活的感觉，所以根本不曾考虑过生活的另一种可能性。这与风险偏好无关，由于主观上的抗拒，他根本没有理性地衡量过两种选择的得失，何谈偏好选择的高度。

然而，那些能够理性分析客观得失的人们则截然相反。他们对事物价值的判断，不会受到主观感受的误导，一切都只以效益最大化为最高指导，因此能够在生活、工作、投资等方面都能做出客观、理性、准确的判断和决策。

相比于损失厌恶者的守财本性，他们更能理性权衡收益和成本，从而避免错失赋予金钱更多增值空间的机会。

这两种人实际上就对应着两种不同的思维，前者是"穷人思维"，后者是"富人思维"。

那些最具有禀赋效应特征的穷人思维者，他们不一定经济上贫穷，但是他们思维上的固执会使自己失去很多机会，导致财富贬值，一步步走向贫穷；不受禀赋效应操控的富人思维者，他们当下不一定拥有很多财富，但是他们却能够抓住令财富升值的机会，抓住通往财富大门的钥匙。前者更在乎"我会损失多少"，片面地衡量事物价值；而后者更看重"最终能得到多少"，着眼于事物的综合收益。因此，机会自然会临幸更加理智的后者。

你可以过上比现在好十倍的生活

禀赋效应属于行为经济学的范畴，但在其他领域也都有极大的参考作用。

被禀赋效应操控的损失厌恶者（大多数人），对于自己事业的既有状态，可能会放大到原本的1.5倍，例如将原本价值为10000元的工作估算到15000元的高度。因此，对于高于目前状况但低于目前状况1.5倍的选择，他就会自然而然地选择放弃，认为还是保持目前的状况更好。

但如果单纯从数学的角度出发，他一定知道14000比10000更高。但这样的放弃如果发生了不止一次，他失去的价值规模之大，可就不只是一个无足轻重的机会那么简单了。我们看看他到底失去了什么：如果按惯常的说法，人的一生会有将近七次重大选择，如果每一次改变选择价值他目前状态的1.4倍，那么，$1.4^7=10.5413504$。

也就是说，累积起来，他无形之中总共放弃了财富增长高达十倍的机会！一个顽固的观念，使他失去了可以比现在的状况好十倍的可能。

你看，禀赋效应不仅使人变得更穷，而且使人生变得局限，约束了我们对这世界的探索。

人生有很多可能性。面对选择时，一定要摒弃感性认知，理性分析，客观判断，才能看出事物的真正价值；只有割舍自己的损失厌恶情怀，舍得放弃现有的舒适区，才能收获下一个挑战带来的精彩。

思维决定财富

塞勒的经济行为学研究成果，反映出人们在经济规律前的低效，也折射出社会认同的变化趋势——思维决定财富。克服人性的弱点，才能成为真正的赢家。

当今社会越来越扁平化，物质带给人与人的差别在逐渐缩小。互联网提供了公开化的平台，上不起学的穷人也能轻松搜索到高质量教学资源，自我提升的成本变得越来越低；新概念、新商品每天都在不断地涌现着，"即使买不起也能租得起"的观念早已遍植人心，这种观念拉近了"穷人"和"富人"之间生活质量上的距离。

贫富之间的标尺，早已不再是他们各自拥有财富的数量，而是他们各自的思维境界；一个人最具代表性的资产，不再是他的存折，而是他的财富观。倘若管理不当，资产数额会骤然降低；而一个人对财富的系统化认知，才是决定他长期的财务状态的前提。

而跳出禀赋效应的陷阱，使思维模式无限趋向于理性，是培养富人思维至为关键的一步。

我们身边有不少人，往往能看清这个道理。他们花钱尝试投资、学习进修甚至周游世界。在固执的人还在自己的圈子里每天守护自己的固有财产时，聪明人已经通过投资换来了更多的财富、知识提升、社会见识和人际圈子，慢慢为自己拓展出了一个更加广阔的天地。

一个人的经济思维决定他的格局，而一个人的格局往往决定他的人生。

穷人思维vs富人思维

有一句话特别火，叫作"寒门再难出贵子"。结合一系列时事，这碗毒鸡汤扎扎实实地喂进了广大普通家境的年轻人口中，浇灌着愈发普遍的"人之命天注定"的佛系人生观。

那么事实真的如此吗？从穷到富的跨越，社会阶层的流动，变得越来越难了吗？自身努力带来的价值，意义在慢慢消减吗？

首先，我们先来看看除去财富量级上的差异，穷人与富人的差别究竟在哪里。

资源

年少时期，穷孩子为凑足学费风雨兼程，富孩子却在贵族学府接受着高等教育。

毕业之后，穷学生苦于纠结继续深造还是赚钱养家，富孩子却能够随心所欲地选择方向。

人到中年，穷人还在为本月的信用卡账单发愁时，富人正在查看自己投资组合的收益额。

更残酷的还在后面。表象上，好像只要穷人有钱了就可以扭转命运；但事实上，穷与富的差距并不只是金钱，更是人力和物力资源。浮现在海面上的不过是冰山一角，真正量级庞大的，是海面下支撑起财富的人脉网络，信息渠道，以及商业视角。毕竟，富人的财富也并非一夜之间出现在账户上，而是通过积累各类资源慢慢建立起来的。而一旦拥有了这些资源，也意味着即使失去了金钱的加持，他们也有能力东山再起。

环境

如果把一个人的身份比作与生俱来的基因，那么他所成长的环境，就是影响着基因选择性表达的培养皿。一个人从小到大接受的家庭教育，身处的文化环境，服从的社会制度，都对他的人格形成有着潜移默化的影响。

十年前一篇叫作《我奋斗了18年才和你坐在一起喝咖啡》的文章，令人唏嘘。大山里走出来的农家学子第一次踏入城市高校，瞬时感到无所适从。不要说人人都会的乐器、同学们口中的港台明星、课上讲的商学概念，就连超市、机房、咖啡厅这些遍布全球的设施，他都是闻所未闻。尽管羡慕大城市的同学多才多艺、知识面广，他同时也深知，只有闷头死读书，一切都服从于升学考试的目标，他才有机会与他们比肩，坐在同一间教室学习。

而且，贫寒家境给人本身带来的负面影响，远不止自卑情绪。家里收不到新闻台、电脑碰都没碰过的大学生，如何具有国际化视野和互联网思维？仍在温饱线上挣扎的家庭，如何给孩子的教育投入大笔资金，为儿女提供最好的学习条件？一分一角攒出学费的农家孩子，如何让他放开那改变命运的唯一契机，去培养什么闲情逸致？普通家庭出身的年轻人，怎么可能无视风险，放下顾虑大胆创业？

现实的阻力，往往限制了贫寒学子思维和行动上的自由。社会向来不公，它发生在我们看得到的地方，也发生在我们看不到的地方。

思维

资源和环境很大程度上影响思维。而思维，正是这场风起云涌的社会游戏中划分等级的决定性因素。

在这里，我将引用三个概念，浅谈富人思维和穷人思维的差别。

第一个概念：风险承受力。

对普通人来说，万一创业失败，不仅本金付诸东流，还要背负更大的经济压力、承担更重的家庭责任，怎敢轻易做出尝试？行动之前，必定要百般衡量风险，倘若潜在损失超过了自身承受力，那便只能放弃。即使真的付诸行动，也容易被金钱封锁住目光，瞻前顾后，患得患失。这也是为什么，有想法的人很多，敢尝试的人很少。

王健林说："我允许思聪失败两次。"但是普通人呢？恐怕一点小小的闪失就会造成对自己而言巨大的金钱流失，失之毫厘，往往意味着一败涂地。

试错成本的高低，造就了风险承受力的差异。而一个人对待风险的态度，则决定了他能否跳出自己的层级，实现高一量级的财富积累。

第二个概念：我称之为"生产者思维"。

同样是排队买奶茶，一类人埋怨队伍排得太久浪费时间，另一类人思考生意火爆背后的商业秘密。双十一淘宝店庆，一类人争抢各类优惠券，另一类人分析价格歧视在中国市场的强大效应。咪蒙火了，一类人哀叹这个社会变得庸俗不堪，一类人参考借鉴咪蒙公司的营销策略和管理制度。

这两类不同思维角度的人群，往往就对应着穷人和富人。相比于穷人，富人更能轻易接触到企业内部管理结构，所以习惯从管理者的角度观察产业本质。相反，大部分穷人只习惯于从使用者的视角看待产品，用自身体验感性地衡量一个产品或一项服务的价值。

思维站在消费方还是生产方，注定了你是普通消费者还是商业决策者。前者看到表象，后者分析成因。前者被动支配，后者主动管理。而哪一种更有利于财富的积累？答案不言自明。

第三个概念：对待金钱的思维差异。

穷人为了省打车钱，可以花半小时走路上班。但这半小时的时间，明明可以花在更值得的地方，说不定还能用来缩小贫富差距。

穷人因为在菜市场成功砍价五块钱而沾沾自喜，却没意识到浪费这一小时带来的损失，远远超过了五块钱本身的价值：他们经常过分低估自己的时间成本，或者根本没有这个意识。

穷人吃得了暂时降低生活质量的苦，却吃不得埋头学习但看不到出路的苦：他们更关注当下账户能多出来几个子儿，却不能接受可以带来远期收益的自我投资造成的资金缺口……

而消费观的差异，源于对金钱本质不同的认知——穷人擅长攒钱，把节衣缩食当美德；富人擅长用钱，明白金钱的核心在于交易和流动。

而从穷到富的难点和关键点正在于此。尝试把目光放长远，懂得自我投资，理性看待金钱，善于管理金钱，才能吸引资源翻升资本，获得更多财富。

看到这里你可能会想，原来穷人和富人差距那么大，反正也比不过人家，读书还有什么用。

　　但是，富人群体本来就是人群中的少数，构成社会的主体还是我们这样的普通人。况且，资源和环境虽是命中注定，思维却可以在学习和实践中逐步培养。主动调整思考事物的角度，利用网络多多汲取知识扩大视野，敢于突破囹圄做出尝试。而读书，便是其中风险最小而收益最大的自我投资方式。

　　更何况，没有谁生来只手遮天，资源也可以主动去挖掘和争取。"君子性非异也，善假于物也。"善用杠杆思维，充分调动社会资源，假借他人的力量，增强自己有限的能力，在这个信息高速流动的时代并非难事。

　　寒门真的再难出贵子吗？希望你能用事实否定这个问句。

第二章

看清自己

为什么你总不能高度自律

为什么你总不能高度自律

知乎上有一个非常火的问题——高度自律是一种怎样的体验?

问题下面的回答,大多是一套套严格的时间规划方案。工作、学习、休闲、娱乐等每一项任务的执行时间都要精确到分钟。

每次看完这类型的文章,我都会备受鼓舞,热血沸腾,决定狠下决心,大干一场。然而决定高度自律的热度持续不到10分钟,我又会不由自主地进入玩手机状态,滑进被窝,嚼起薯片,表情木然,继续给优秀的答主们点赞。最后,当我猛然回过神来,面对着堆积成山的任务和体重秤上飙升的数字,又会再次陷入无尽的哀怨。

看了那么多励志贴,怎么一点儿用也没有!总是踏不出第一步,总是下不定决心,越是恨自己意志力太差,就越想要自暴自弃。而那些内心强大的答主则反衬出自己的无能。看着自己一天天丧失自信，陷入绝望的情绪却又无能为力……那种感觉，真是糟透了。

总而言之，如果知乎上有一个"高度不自律是一种怎样的体验"的问题，我一定会很有发言权。

高度不自律是一种什么体验

也许你和我一样，也曾坚信世界上随便拎个人出来都比自己有执行力。但实际上，你所认为的高度不自律，不是因为你能力差，而是因为你没有自信。产生这种心理上的自我退避，只是由于你在一直观望别人的生活。

知乎上那些励志文虽然正能量满满，但它们介绍的大多是具体战术而非战略。战术因人而异，所以参考意义并不大。而且参考别人的战术设计，更容易让自己丧失自信，产生焦虑，继而望而生畏，执行力更难以被激发。

高二升高三的那个暑假，我制定并完成了一系列复习计划，最终从年级三百多名挤进了"清北线"。这件事带给班主任的精神刺激一直持续到了今天——为了鼓舞更多的学弟学妹，他连年在所带的班级里大力宣传我的"逆袭神话"，到处宣传我的"魔鬼计划"，试图把危机感早早植入纯真无瑕的校园。

但是我很清楚，自己的计划没那么严苛，自己的执行力也没那么厉害。我所做的，不过是依照战略制定了一些相对具体的计划。更何况，那些计划的完成率大概只有40%——但是在别人的眼里，我的复习计划确实够变态；就像我参看别人的计划表时，也会由衷地感到自愧不如。

这是为何？

第一，从心理学角度来看，人们经常只能注意到别人在做而自己没做的事。也就是说，人们很容易产生不明就里的感觉。因此，在观察他人行为的时候，人们会不由自主地进入一种仰视姿态，信心自然先弱了三分。

第二，你只能看到别人做的事（战术），却看不到他为何做这件事（战略）。你可以模仿他的所作所为，却模仿不了他的动机。对其行为的模仿只是表面功夫，很难带来与那个人相同的成效——一旦结果与预期不符，很容易导致热情消退，执行力下降，效率锐减。

第三，人是很情绪化的动物。发觉自己效率不如人，往往就会认定自己能力也不如人，因而陷入无休止的自我怀疑，最后只能绝望地自我诊断为"高度不自律"。

切记，别人的具体计划，绝不可照搬，最好干脆别看。自律没有模板，借鉴不如实干。

要自律，先摆脱负面情绪

状态是一种很玄妙的东西。状态好，效率就高；效率高，心情就好；心情一好，状态就更好，效率自然变得更高。

经济学中的信贷行为也有着极大的相似性。信用越好，借钱越容易；借钱越多，偿还过后，信用记录又会变得更好。

聚焦社会宏观现象，更有强者愈强、弱者愈弱的马太效应。整个自然界仿佛都遵循着这种正反馈系统，情绪和行为相辅相成，状态与成效层层迭代。仿佛多米诺骨牌一般，一旦触发其中任何一块，无论是正向还是反向，都会一块带动一块次第跌落，停不下来。

如果你不幸把第一块骨牌推反了方向，看着它们朝着意愿对立方依次倒下……不要慌。只要你做出第一步改变——从负面情绪中自我解脱，将心情调整为最佳状态，那么好运就会接踵而至。

比如，最开始你可能只是买了支 YSL 口红，接着开始学护肤化妆。然后发现自己胖都这么美，瘦下来那还了得，于是走进了健身房。最后，不甘心做花瓶的你又决定饱读诗书丰富内涵……就这样，一点点地进步，一步步地蜕变，不断被新的惊喜激励，惊喜又会催生新的动力——一场华丽的蜕变就在不知不觉中发生了。

可见，改变现状并不难，只需要你触发一个小小的开关。

"高效"不是"高逛"

如果说经济学最关键的问题，是如何将有限的资源分配给无尽的欲望，那么，如何用有限的生命完成待办事项里数不胜数的事，就成了人类永恒的话题。

因此，"用最短的时间，做最多的事"便成了人们眼中高效的定义。大家开始疯狂地追求高效——24小时学会一门新技巧，一年读完100本书……这些生命中本该被慢慢享受的事情，变成了需要迅速完成的任务。

人生的最终意义，难道就是在地图上戳上一枚又一枚大头钉，在任务列表上打上一个又一个钩吗？我们想要的生活，难道就是在每一个站点匆匆报道，选择性地忽视掉生命的细节，然后又快步奔赴下一站？

我不以为然。

据不完全调查，国内外大学每到期末考试季都会画风突变，人人挑灯夜战，教室彻夜通明。不少人非常得意于自己的效率——备考短短一周就能达到别人努力学习一学期的成绩。但是我敢保证，这些人不到半个月就会将这些临时记忆忘却，等到知识要派上用场的时候，他们只能苦恼求索。

而我身边那些真正的学霸，却都是早睡早起的"老年作息"：他们把学习融入生活，将自律当作常态。也许他们不够急，不够拼，甚至不够快，但是日复一日，他们所收获的知识，提升的文化修养，必定远超越于那些心浮气躁、一味追求"快"的人。

超负荷状态下的高效，不可能做到长久。而真正睿智的时间管理者追求的是长期收益，他们绝不会以绷断神经、透支身体为代价，去交换一时的效率。

所以，划掉日记本上"一个月瘦20斤"的目标吧，这样减掉体重容易反弹也会伤害到身体；放慢翻动书页的速度吧，也许你已经错过了字里行间需仔细品读才能发现的妙趣；卸下加速成长的马达吧，就算你想要快点长大，但是失去了细节填充的生命，不过是一座空荡荡的灵魂废墟。

要想达到真正意义上的高效，你需要的是一种长线战略。究竟有多长？它可能贯穿你的一生。

先慢下来，再谈效率。

你会发现，所谓的不自律皆来源于糟糕的心态，而所谓的自律得益于完善的思路。

你也会发现，想要做成一件事，必须要加入自己的思考，而绝不是单纯模仿那么简单。

为什么你那么努力却没成功

"她明明已经很努力了！"

想必你一定对这句话耳熟能详——在人们对明星实力进行评判时，总会有一些粉丝蹦出来，借努力之名为他们的偶像辩解。实际上，大家都心知肚明，努力并不能说明什么。

一个人所投入的努力，和他拥有的实力、预期的收益、获得的认可并没有什么实质性的关联。当然，努力仍然很重要；不过当所有人都很努力的时候，它只能称得上是一个前提，而非加分项。

努力之于农耕时代，和努力之于互联网时代，绝不可能是同一个概念。因为我相信你绝不会满足于靠种地、卖红薯发家致富，甚至不会满足于"985/211名校＋公务员"这样稳妥的程序化生活（且不论这种生活单凭努力能否达到）。

如今，人类的劳动力已经可以被更低成本、更高效率的机器取代，就连围棋天才柯洁都能被AlphaGo打败，那么只靠努力，我们究竟还能走多远？

努力当然是一件好事，在我的身边，努力之象蔚然成风。身边那些优秀得不能再优秀的同学，在学习之余还在全力组织学生社团、积极参与志愿活动、疯狂争取实习机会，拼尽全力抛洒自己青春的热血。可是他们中的大多数，包括曾经的我，并不知道自己为什么要这样拼命地透支身体。大多数情况下，我们这样做，只是因为身边的人这样做。

就像一只充满危机意识的蚂蚁，望着周围不敢懈怠的蚁群，自己也只好跟着手忙脚乱，但最终换来的不过是一丝"我没有掉队"的安全感，以及"我努力过所以我不弱"的心理暗示。细细想来，自我能力提升的跨度，绝对比不上所付出努力的量级。

"新的一年，我一定要更加努力！"——雄心勃勃地在朋友圈宣告这样的壮志之前，不妨认真思考一下这个问题：

你已经付出的努力，或者说你即将付出的努力，究竟是有效投资，还是一文不值？是理想中的厚积薄发，还是只能感动自己？

你的努力方向是否正确

万千努力付诸东流，其根本在于没有找准方向。试问，有多少人知道自己为何要努力？有多少人在做一件事之前，会考虑做事的动机、目标、途径以形成具体的规划？现实中，90%的人只能看到大神在做什么，10%的人会观察大神怎么做，只有不到1%的人才会思考大神为什么这样做。

我相信，很多学霸对自己学习的进程，一定有一个合理的预期及进度把控，并能够基于对自身情况的了解，制定最符合个人特质、最高效的宏观战略。而几点起床学习，几点休息运动这样具体的时间安排，不过是为战略量身打造的战术。战术这种东西，可以参考却不可照搬。他国的军事战术和具体部署，能适用于在规模、技术等方面都与其存在差异的本国吗？

也许你会说，对高三学生来说，战术比战略更加重要。因为高三学生的短期目标就是提分，无须思考原因，只要跟上老师安排的节奏就好。如果缺乏战略意识，也就意味着你不知道这样做的目的。因此，驱动你去执行计划的，是被动的推力，而非主动的动力。而这种被动的姿态，往往会导致心理上的抵触，从而引发拖延症和效率低下。

归根结底，付出努力后一无所获，通常是源于努力的目的不够明确。若一个人对自己此时此刻手中正在处理的事务、短期内想要实现的目标，以及长期发展方向都能有清晰的认识和规划，那么他努力的方向基本不会有偏差。效率和成功这件事，也就是水到渠成了。

你的努力是否值得

学过经济学的朋友都非常清楚成本和效益两个概念：一个理性的人，只会去做效益高于成本的事。当然，效益不仅限于经济收益，也包括学识上的收获、才能上的长进、获得的愉悦感等，而成本也涵盖经济、体力和精力投入等多个方面。

因此，权衡成本与回报孰高孰低就变得非常重要。商人通过比较不同商品的成本与收益来制订生产策略；学生通过权衡玩耍的快感和被教导主任抓到的潜在风险考虑是否逃课。这种权衡贯穿我们生活的方方面面。

比方说，放弃玩乐的时间去读书，就是一件效益高于成本的事。成本是放弃一时欢纵的愉悦感，而效益是更丰富的知识储备、资本积累及它们可能带给你的直接经济效益。而放弃休息的时间去干苦力，看上去就不够理性了，除非你认为自己的时间成本和体力只值20元。

看到这里，你就应该更加理性地看待自己的"努力"。如果成本高于收益，那么不如立即停下这种努力——把努力用错地方，比不努力还要吃亏。

你的努力能否变成竞争力

古语有云："知己知彼，百战不殆。"

"知己"有另一个更通俗的名字，叫作自我定位，它涵盖以下方面：

第一，对自身优劣的分析。"优劣"可分成两类：绝对优劣和相对优劣。绝对优势，即社会公认的具有竞争力的能力或特点，如勤奋。相应的，绝对劣势，如懒惰，则无可争议的是一种缺陷。而相对优劣，不能被绝对地判断为好或是坏，它在不同环境和不同的人身上，往往会发挥出不同的功能，比如性格上的开朗或内向。

第二，对自己偏好的认知。你喜欢充满竞争抑或气氛相对平和的工作环境，你投资的风险偏好是高是低，你喜欢和家人共度周末还是更想一个人静静地喝酒……对自我内心意愿的充分认识，决定了你未来能否满足于自己的生活状态。而这种满足感，在很大程度上影响着你的工作效率和生活品质。

随后就是"知彼"，我将"彼"这个字定义为除自身外的所有物质存在形式：

第一，竞争对手，这也是"知彼"最直接的含义。

第二，市场竞争情况。例如，学金融的朋友都想进投行，那么投行界的竞争就会比其他地方竞争激烈得多，投行公司对毕业生的筛选标准自然也就会相应提高。

第三，大环境。大环境一词是由成千上万行业所构建起的宏观体系、社会供给、社会需求、时代方向、文化环境，等等。

事实上，很多人都不曾理性地分析过自己，至于对宏观环境善于观察并有几分了悟的更是凤毛麟角。但这个容易被人们忽视的环节，是相当重要的，它对于你整个人生的指导和引领作用，甚至超过了高考。

你的努力能否带来回报

很多人拼死拼活地学习，不是为了获取知识，而是为了模仿别人的成功之路。"那些成功的人学习都很厉害，如果我成绩很优异，一定也会像他们那样成功！"更可怕的想法是："我如果辍学，说不定就是第二个乔布斯！"

很多人都会陷入这样的思维误区：把"存在关系"和"因果关系"画等号，以为学习好就一定工资高，放弃学业就一定能创业成功。然而大多数情况下，两者只是共享几个影响因素，压根儿不存在必然的因果关系。

例如，我们设计这样一个简易的模型：

学习成绩 $Y=a_1 \cdot X_1 + a_2 \cdot X_2 + a_3 \cdot X_3$；

成功指数 $W=b_1 \cdot X_1 + b_2 \cdot X_2 + b_3 \cdot X_3$（在此处假设我们可以把"成功"量化）；

X_1 定义为勤奋程度；

X2代表智商；

X3代表办事效率。

通过公式，我们当然可以总结出这样的结论：智商高，效率高，做事又勤奋的人，往往可以在学业上获得佳绩；同时，拥有这些特质的人也会在事业上更加成功，拥有更高的社会地位。因此，"学习成绩"和"成功"在某些程度上，是有一些关联的。

但这并不意味着学习成绩好就注定有更高的成就，考上重点大学就可以保证你走上人生巅峰。要知道，学习成绩优秀和成功指数高并没有因果关系。总而言之，学习成绩并非成功的决定性因素，它只是统计意义上的参考因素之一。

当然，两种模型也许还包含"技巧""情商""应变能力""沟通能力"等其他影响因素。由于教育程度是某些职位的进入门槛（例如公务员必须是名校毕业），学习成绩或许也是成功的影响因素之一。

甚至，也许这些模型压根不是线性的——某方面能力超常，没准也可以弥补其他短板，从而让你达成某些意义上的成功。这时你就会发现，基于一点点缺陷而否定自己的全部，是一件多么愚蠢的事情。

另外，你为之努力的事情也许并不能为你带来成功，而只是和成功共享一些影响因素罢了。

其实，努力从来都不是目的，而是一种方法；努力也不应成为你的终点，而只是一个起点。明白了努力的定义和性质，才能更好更高效地利用精力，不让辛苦白费。愿读到这里的每个人，都能找准努力的方向，在人生路上不迷茫！

向上社交的你想要什么

有一段时间，我沉迷于听各种讲座，混入各种商业聚会，三心二意地听着，只为活动结束后，去找发言的大佬们交流一番，然后要到他们的微信。

除此之外，在生活中，我也总是处心积虑寻求加大咖微信的机会。参加学校的求职讲座，听不听是一回事，反正能加几个金融大咖的微信号；看公众号，文章读不读是一回事，先把作者附在文章最后的微信加到手。明明什么事也没做，却扬扬自得——通信录里增加个CEO的名字，就觉得自己也身价倍增；相册里多了张明星合影，就觉得自己头上也有了光环；给微信好友里的作家发过几句节日快乐，就觉得自己也成了文人墨客。

这种总想和比自己高一层级的人产生点什么牵连的心态，我自我诊断为向上社交病。

我们总把社交当成一种实力，因为我们总以为共享圈子就等于身份趋同。趋向向上的社交，好像就真的在向上走一样。

但这种社交真的有效吗？你我都心知肚明。

向上社交

每一种关系，不论是感情还是交易，都基于双方的平等地位和等量给予。比如传统婚配关系中，"你负责赚钱养家，我负责貌美如花"，就是一种平等交易。

但当双方的地位存在差异，双方给予的份额也开始失衡，就意味着这段关系即将出现裂痕。或者说，这段关系压根就不会开始。比如，女方容颜老去，男方开始嫌弃；女性经济独立，不再依赖男性。

举这个例子或许不太恰当，因为情侣之间并非完全理性的交易关系。基于感情的基础，即使供给关系失衡，双方对待彼此也会有极大的包容性。

但你又不是大佬的老婆，谁会无条件包容你呢？结识大佬也许会带给你不少好处，但是反过来呢？产生这种关系，对你和对他分别产生的效益，可能是等价的吗？

向上的社交，意味着在社交这个维度中，你处于比对方低的位置。所以，除非你在另一个维度能给予对方某些好处，不然你们的关系，必定处于失衡的状态。

比如，你去加明星的微信，他一定不会通过你的好友申请。但如果你以赞助商的身份和他洽谈合作事宜，那么金钱就会成为令你们关系趋向平衡的砝码。

但是去加大咖微信，你的砝码又从何而来呢？是苍白无力的口头支持，还是完全单方面获益的职业求助？我们总是怪罪对方太冷漠无情，但事实是，自己没底气镇得住跷跷板对面的重量级人物。

可见，向上社交的前提，是平衡的关系。

向下心态

总想向上社交，是出于什么心理？

一部分人目的很明确，就是想从中获取某些利益。譬如期待与他交流，因为他的观点可以令你受益；譬如向他推销自己，以寻求一些工作机会、合作机会、交往机会等。但我们已经知道，如果实力不足以与对方抗衡，那么对方是没理由搭理你的。

其实大多数人加大咖微信都没有明确目的，究其原因，就是窥私或虚荣心作祟。

前者的表现形态为：加了大咖好友后一言不发，偷偷浏览他的朋友圈，以满足自己的窥私欲。但他们对大佬生活的好奇，往往都以对方朋友圈铺天盖地的推送和日常琐碎带来的失望感告终。

而且，这种登不上台面的欲望，往往又会助长两种心理：

大咖不也和我一样，凭什么那么厉害；大咖果然是强悍又自律，我一辈子也比不上。两种心理背后的根源都是自卑，表面是向上看齐的社交，实际上助长了向下卑微的心理。

但隔着屏幕就像隔着一堵墙，人在社交平台上展现出的，永远都只是自己的一部分。不论牛人比现实更体面还是更糟糕，这种观察大咖生活的行为都不会让你过得更好。

再看后者，他们加牛人为好友，是为了在他人面前有更多的谈资，例如"我有XX的微信"。这类人必须要明白的是：

第一，你只是他手机里可以随时拉黑的无名小卒，你消费的，是莫须有的人际关系。

第二，把人际关系当成就显摆，你的朋友未必会因此而看得起你。

第三，这种海市蜃楼般的社交成就感，只能满足一种虚妄的满足感，它反而会阻碍你前进。

它助长的，同样也是向下的心态——虚荣、愚昧、不思进取。

至于为何人们眼中向上的社交带来了适得其反的效果，我认为，是源于这类社交过于浅层。微信朋友确实是个相对私密的平台，它不意味着你可以与对方产生深刻的交流，形成深层的关系。反而，这种雾里看花的社交模式，会在你脑海中形成错误的认知。

向上社交的关键，在于深层联系。

向上社交需要向上成长

但加大咖好友真的是有百害而无一利吗?

当然不是!

只要你能做到和对方形成平衡的关系,那么你们就有可能发生深层联系。

我有个朋友,立志要到某名企实习。和我一样他也参加了无数个招聘会,每次他都会从头听到尾,会后还会认真分析得失,不断进行自我修正。与我一样,朋友也加了些大咖们的微信,但与我不同的是,朋友会虚心向大咖请教,同时还会坦率、大方地自荐。

努力提升自己,让自己的力量与对方实力相当,这才是硬道理。

后来我渐渐摆脱了狂加大咖微信的毛病,开始脚踏实地向大咖靠近。我很庆幸,后来赢得了不少老师的青睐。虽然自知距离他们还很遥远,但我想,越是站在高处的人,越具有从一个人的发展趋势判断其潜在价值的能力。

一旦你开始行动,就已经打败了99%的人。然后你会发现,在严重失衡的跷跷板上,看似绝对固化的上下分级,也有可能发生四两拨千斤的奇迹。

向上成长,才是向上社交的终极意义。

瓶颈期才是真正的成长期

瓶颈期是世界上最让人焦虑的东西。

我的闺蜜群在首次讨论如此正经的话题时，一位老友迫不及待地率先发言：

"我最近在排便方面遇到了瓶颈期……"

怕我们立刻退群，她又连忙补充道：

"已经一个月了，我用尽浑身解数都无济于事……每天啃芹菜啃到眼睛发红，做蹲起做到膝盖脱臼，想象蓝天白云想到灵魂出窍……还是一点都不……"

为了不让这个本来就够无趣的话题变得更加无聊，我们还是残忍地打断了她。

于是我清清嗓子，开始了我的表演：

"为了走红，我最近认真拜读了各大自媒体人的作品，可是整理了厚厚一叠阅读笔记之后，我的写作水平还是没有提高。我意识到自己陷入了思维的瓶颈期。"

我的发言立刻被另一位闺蜜打断："跟我比，你们这都不算惨，为了增肥，我最近一天吃六顿饭。坚持了两周，一上秤，还是只有八十斤。熬过瓶颈期，好难啊！"

就在我们开始在心里磨刀霍霍之时，群里沉默许久的一个朋友突然吭声了：

"你们还记不记得高中政治课上提到过的螺旋式上升？"

几何背后的哲学

这句话，突然将我带入高中时期的回忆。

枯燥的政治课，只有讲哲学的那几节，才能勉强吸引我的注意力。

有一天，政治老师在黑板上笨拙地画了两个图形：一个盘旋而上呈宝塔状，另一个横向荡漾呈泡面状。

老师说，这两个几何图形分别叫作"螺旋式上升"和"波浪式前进"，象征着所有事物发展的过程。

这个过程包含两个阶段：自我否定，自我完善。

所以，它既具有前进/上升性，也具有曲折/周期性。

也就是说，所有最终会走向光明的剧情，都必然会遭受反复挣扎的苦痛。

"总趋势是前进的，道路是曲折的。在曲折中前进是事物发展的大方向，我们革命的进程，也是如此。"

这句话太有道理了，瞬间征服了我。

认知与螺旋式上升

"你们现在的状态，就是在螺旋阶段。付出那么多，好像也只是在原地踏步。但是……"她趁热灌下一壶鸡汤，"只要让这个螺旋的过程保持下去，那么总有一天能感受到竖直方向上显著的提升。相信自己，你们就是最棒的。"

我突然意识到，除了学写作、增肥，任何的认知过程，不就是一种典型的螺旋式上升吗？

如果说纵向发展象征着我们的认知升级，那么水平面上的循环往复，就是我们对一个问题百思不得其解、苦苦钻研而无果的瓶颈期阶段。

一篇论文花两三天写了大半，突然发现这个分析角度不太对。

只好全盘否决，清零，重写。

但是这两三天的汗水付诸东流了吗？

当然不。

首先，它锻炼了你的思考能力和写作能力。其次，旧的角度和素材也会对形成新角度有所裨益，因为它有助于产生更综合客观的立场。更何况，如果没有废稿，如何意识到更佳角度的存在?

你绝对不能否定自我否定的重要性。

用千万苦力,买一个教训。这看似是投入产出不成正比的举措,但事实呢?

自我推翻的过程,最能够明确立场;周而复始的审核,最能够锋利大脑;完美主义的琢磨,最有益于自我成长。貌似是空掷光阴一无所获,实则正在为后期爆发积蓄力量。

所谓瓶颈期,看似是苦难,其实是磨炼。

你不是没有收获,只是收获在你看不到的地方。

当收益无限延期

螺旋式上升比正相关曲线更煎熬的原因,在于付出与收益不同步。

学校里,每多读一年书,就可以升一个年级,而且同一年级的学生永远平起平坐。

这个付出了一年光阴就能收获一级学历的事实,符合最简单的线性成长规律。

但来到职场上,辛辛苦苦劳累一年,却不一定能晋升一级。

你付出的不一定能即刻变现,你收获的不一定源自同一种投入。每个人的成长路径,更近似于螺旋式上升的三维曲线。

我们怀疑世界变得没那么公平了,其实它只是变得没那么简单了。

学校里，衡量能力的指标很简单：学习成绩。影响这个指标的因素更简单：是否努力。

但走出学校进入更复杂的社会体系后，衡量能力的指标变得五花八门：地位、阶层、职业、薪水。其中人们最关心的是工资水平，其影响因素更复杂：专业水平、外表仪态、智商情商、社会资源。

积累它们需要漫长的螺旋期。什么时候才会迎来上升期？难以预料。

这也是为什么，在这场自由进出的游戏当中，有人一跳十级，有人年年留级，有人找准契机可以一跃而起，有人花了三十年时间还只是在原地兜圈。

同样，有的人潜伏期有点长，螺旋期持续了很多年才被伯乐赏识重用。

有的人半衰期有点短，人生前五年处于飞速上升期，此后一生都在原地打转。

大方向意识

由于螺旋式上升曲线最重要的特性是短期内变化的曲线不等同于长期的大方向。所以我们难以感知到自己真实的成长进度，反倒经常被阶段性的成败一叶障目。比如，侥幸获得的小奖项，让我们一时得意忘形，高估了自身能力；因为失误而非能力欠缺导致的失败，让我们误诊为自己辛苦过后能力不进反退。

社会宏观现象也是一样。宏观经济中，短期的波动不代表长期的趋势。市场一时的蓬勃局面不意味着经济真正的崛起，说不定还隐藏着金融泡沫的危机。我们误以为短期发展趋势是长期发展趋势的切线；但在某些程度上，它对于长期走向的预测，没有任何的参考意义。

记得有个网友说，他之所以热爱健身，是因为这是世上少有的只要付出就会有回报的事。这说法看起来过于悲观了些，我只能承认的是，它是少有的只要付出就会立刻有回报的事。

如果说，世上大部分事情都呈螺旋式上升进展，健身就近似于一条上升趋势的直线。一个月内乃至半年内，前者的进度可能仍在同一水平面盘旋，而后者早已经蜿蜒而上了几万里。

但就在前者看似辛劳无果的踟蹰中，其实正在悄悄积蓄着巨大的潜力，足以使它在爆发的那一秒，突破前所未有的高度。

可惜的是，陷于视野，我们通常只聚焦于短短几周内的成就变量。很多人被眼前的失意打败，于是放弃了无谓的坚持。我们想要的，不是滴水穿石，而是立竿见影。

但坚持的本质是什么？促使你继续的，不该是眼下的利益，而应当是明确的、长期的发展趋势。

所以，培养大方向意识，是锲而不舍的充分必要条件。

耐克创始人的自传《鞋狗》开篇有言："懦夫从不启程，弱者死于路中。"

菲尔·奈特在创业过程中历经艰险，但是，他对自己的实力有着准确的认知，对前进的方向有着十足的把握。因此，五次十次的失败，不足以让他怀疑自己的大方向，而是借此契机自我调整，然后重新出发。

自己究竟走到了哪一步，该由自己主动审视，而非外界被动定义。"懦夫从不启程，弱者死于路中。"最后留下的那些人里，会不会有你？

科学投资自己的生活

　　生活就像一场投资，我们将自己的金钱、时间及精力投入到各类活动中——吃饭、睡觉、学习、上班、运动、旅行、谈恋爱、思考人生。

　　在金融市场中，投资途径丰富多样，可以定期存款、炒股票、炒期货，而在生活中很多事情也可以用这些理财产品来类比。

　　学习，就像是存银行、买国债，风险几近于零，收益稳定。只要认真学，于知识上的收获是必然的。如果自己是一只潜力股，那就用知识武装自己的头脑，改变自己的命运。

　　谈恋爱，就像是私募股权投资，资金、时间及精力都需要巨大投入，但结果怎样很难确定，可能一切付出最后都打了水漂，也可能修得正果走上人生巅峰。

什么快乐做什么

每个人的时间精力是有限的，而生活中的事是做不完的。每个人都有自己想要的人生，因此，怎样分配时间和精力就成了问题。昨晚没睡好，今早是按时起床，还是再多睡一会儿？明天，我是待在学校做作业，还是出门去探索世界？抉择，无处不在。

怎么衡量生活中的每件事，给它们打个分，做个比较，从而做出最优选择呢？经济学的理性假设认为，人们的行为是为了最大化自身的效益，这里的效益也可以简单理解为快乐。也就是说，哪件事带给你的快乐多，那就去做。

这似乎给所有生活事件拟定了一个统一的评判标准，而且也符合实际情况——学习工作累了，往往会刷一下微信，因为此时的休憩能带来更多的放松与快乐；翘课出去旅游，也能解释得清楚，因为比起学习，旅程更令人享受。

未来的快乐

不过这样简单的评判标准忽略了一个重要的因素——时间。

时间是最强大的存在，赋予一切事物以独特的意义。有了时间，人们才能得以总结与反思过往，从而积累经验及教训，于是才有了时代的发展与进步。时间将过去、现在、未来联系在一起，我们现在体验到的，是过去选择的果，我们现在选择的，是未来世界的因。三年前的选择决定了现在的位置，而三年后身在何方，则取决于当下的选择。

因此，我们不仅要考虑当下的快乐，还要考虑未来的快乐。将未来情况考虑到当下的抉择之中来。

比如，如果早上多睡一会儿可以带来更大的快乐，那我们就可以选择闭上双眼继续睡。但如果一不小心，错过了约会、考试，那就得不偿失了。再比如一时兴起，点开了一集综艺，结果没控制住自己，一口气看了二十集……在这短暂的快乐之后，是由懊悔带来的不快乐——"要是我当时不点开就好了"。

除此之外，时间还有另一个效果：折现。今天投资100元，产生收益，明年可能会得到101元。反过来看，未来的101元，在当前的时间点可能也只是值100元而已。同样的，未来的快乐，折算到当前的时间点，可能就大大减值了。

花几十分钟认真复习一个知识点，几个月后的考试可能只会多增加5分，但这未来增长5分带来的快乐，可能远远比不上现在玩手机带来的快乐。再比如 人人都知道早起运动能健康身心，但还是没能抵御睡神的诱惑，决定躺在床上做反向平板支撑。

相比于学习、运动这些先苦后甜的长线投资，人们更倾向于选择那些立马就能带来快乐，立马就能见效的快钱。这样的心理叫作"双曲贴现"：宁要相对较少的眼前收入，也不愿等待数额更多的日后报酬。我们明知过几天就到截止日期了，但就是忍不住要先玩一玩。这种想法是非常自然并且普遍存在的，这也正是拖延症的罪魁祸首。

要不要全投

关于生活中的时间精力分配，另一个经常探讨的问题就是要不要"All in"，即全身心投入，不留余力。

在投资活动中，有的投资者会投入所有的资金，一分不剩。这样可能导致流动性风险——无法及时获得充足资金以应对其他事务。比如，今天早市全仓投入一只股票，结果下午突然有更好的股横空出世，但是由于自己没有流动资金，只能看着它涨停，望"涨"兴叹。

类似的，将所有时间、精力都投入生活事务中，也会错过很多美好。员工加班猝死的案例频频发生，投行IBD每周100小时的工作时间已不是传闻，还有很多除了做题还是做题的学生。

全投或不投这种态度，身处绝境的时候可以用来鼓舞自己，背水一战。但，人不能每天都活在绝境中吧？

别把时间安排得太紧，否则当绝佳机会出现时，只能后悔自己没有时间。不用活得太累，多想一想"这是不是我想要的生活"，适当调剂，才能走得更远。

除了是否全投之外，风险管理也是投资时应当考虑的因素。

　　风险管理不是将风险降低到最小，因为风险和收益是紧密挂钩的，没有风险，也就意味着难有高额收益。风险管理是保持适当的风险敞口，获得预期的收益。

　　生活中也是这样，我们常常会一边犹豫着要不要去做一些结果不确定的事情，比如爱情、旅行，一边担心承担潜在的风险。这种谨小慎微的态度，会将很多有趣的事情、难得的体验拒之门外。我身边有不少同学徒步爬过尼泊尔雪山，穿行过云南热带雨林，横跨过内蒙古沙漠。他们收获的，远不止沿途的风景。

　　机会只有一次，青春只有一次，不如去放手一试。

　　投资是个复杂的活动，即使有相应的方法理论指导，实际操作起来还是难明盈亏。

　　生活就更是如此，每个人走过的路都不一样，未来充满许多变数，因此即使听过很多道理，却仍过不好这一生。前人的经历可以参考，但难以复制，自己的路，终究还是要自己走。

　　总之，还是要多想想"我想成为什么样的人？"或者是"这真的是我想要的生活吗？"这类问题吧。

　　就像每天收市后，都会在电视上看股评一样，不断地反省、总结、思考，提炼出经验，然后将其应用到之后的生活中。

　　生活是一成不变还是异彩纷呈？

　　决定权在你手中。

离开朋友圈，活出自己

微信朋友圈里常出现这样一群人。

他们看起来似乎每天都过着令人羡慕的生活——吃精致大餐，用顶级化妆品，玩儿单反，与伴侣外出旅行……或许在朋友圈之外，他们真的过着这样的美好生活；抑或是，这些美好生活对他们来说，只存在于朋友圈当中。

朋友圈中的另一个自己

随着社交软件的兴起，人们展现自己的渠道，不只限于与他人的面对面交流，更多的是社交平台上的文字与图片。通过这些文字与图片，用户可以细致地描述自己的生活状态，充分地展现自己的个性。好友通过这些内容，也会对其生活和个性产生新的印象。

　　吃精致大餐，人们常常会在上菜时拍照，同时配上对美食的赞叹，分享到朋友圈；逛街购物，也会试着穿搭拍照，配上对时装化妆品的评价，分享到朋友圈；外出旅游，会随手拍风景，通过滤镜修图，配上一段颇为文艺的文字，分享到朋友圈。

　　这种行为是很自然合理的。人们都想通过这种方式将自己的快乐分享给周围的朋友，同时也能展现自己的生活和个性。朋友的赞，是对自己分享内容的肯定。朋友的评论，是进一步深入交流的窗口。

　　不过，朋友圈分享的目的，也很容易往另一个方向发展。

　　由于朋友圈是别人了解自己的主要渠道，人们会倾向于只分享生活中自己想要分享的那一部分，在朋友圈中塑造一个自己想要塑造的形象。在这样的目的下，每一个赞，都是别人对自己的印象已更新的一个确认信号。每一条评论，都是进一步塑造形象的机会。看着赞和评论的数量不断上升，自己想要塑造的形象愈发丰满，目的也逐渐达成。

　　这种以让别人觉得我自己是这样一个人为目的的朋友圈分享，容易让人忘记做一件事的本来目的，而以分享这件事之后会收获多少赞、多少评论，朋友们会对我怎么看为首要目标。

　　情侣周末约会，女朋友全程在朋友圈直播看电影、吃西餐，朋友圈十分热闹，大家都评论"有男朋友真幸福""又出去玩""这是哪家店"，她时不时打开朋友圈一一回复；儿子拍下母亲做家务的背影，发到朋友圈，配上一句"妈妈辛苦了"，获得72个赞25条评论，都赞叹他懂得关心父母；妈妈拍下孩子玩乐高积木的背影，放到朋友圈，配文"陪伴是最长情的告白！无论工作多忙，只为好好陪你！"，获得了49个赞和11条回复，她感到自己是一个关爱孩子的好妈妈。

然而，发完朋友圈后的时间里，他们所有的关注点，都在那个红色小圆圈里变化的数字上。随时翻看，谁在点赞，有无新的评论，然后忙着回复。也就在这段时间里，女生随口应付了男友酝酿已久的假日旅行计划，儿子忘记了自己本可以主动上前帮母亲分担家务，而妈妈也忽视了孩子渴望和她一起堆乐高的小眼神。

在他们眼中，自己已经在朋友圈的万众瞩目中，爱过了，帮过了，陪过了。在朋友眼中，他们俨然是一个幸福的伴侣，孝顺的孩子，伟大的母亲。

为了做，而去做

我们做一件事，需要分清主要目的和附带好处。主要目的是做这件事期望解决的首要问题、达到的长远目标等。附带好处则是在期望解决的问题、达到的目标之外，可能产生的对未来发展有正面影响的因素。例如吃饭，主要的目的是填饱肚子，提供能量以维持身体各项机能正常运转。附带的好处，是食物的色香味给人带来的精神上的愉悦。

然而在生活中，人们通常容易轻视一件事的主要目的，而将附带的好处加倍放大，甚至忽视主要目的，一味追求附带的好处。主要目的是否达到已不再重要，重要的是附带的好处一定要有。这是因为附带的好处可以及时带来短期效益，是立即见效的、可分享传播的，通常表现为别人的羡慕、崇敬及赞美等。

爱情和亲情中，与伴侣、亲人的情感发展是主要目的，而让周围人知道自己过得幸福、迎来他人的赞美和羡慕，则是次要的附带好处。情感发展是需要长期培养的，他人的赞美和羡慕则是在短期内立即见效的，并且可以迅速满足自己的虚荣心，即使自己的真实情感状态可能并不如朋友圈中展现的那样完美。

工作和生活中，常在朋友圈晒精彩生活的人，实际上他们可能是月光族，是隐形的贫困人口，仅在朋友圈之内风光。为了在别人眼中留下自己生活优越的印象，为了赢得别人的羡慕，他们辛苦攒钱以维持自己的高端消费。付款的一瞬间，痛并快乐着的多巴胺迅速释放，下一步掏出手机，拍照发朋友圈，静待大家的赞与评论。

在个人生涯规划中，我们很容易被附带的好处所吸引，而去做一些本不需要做的事。比如，每到暑期，大学生们挤进驾校，考取驾照。考驾照，主要目的是学会驾驶技能，附带好处是获得未取得驾照的同龄人对自己的崇敬与羡慕。不少大学生因为看到周围人都考了驾照，也跟着去报名，辛辛苦苦顶着酷暑练车，终于在领取驾照后拍照发朋友圈，配文"老司机上路了"，获赞无数，心中得意扬扬。然而在这之后，可能大半年碰不到一次方向盘，过年回家更是担心被长辈指定开车接送。几星期学到的驾驶技能，慢慢地就遗忘了。这样的情节，同样适用于盲目参加职业资格考试的人，这类人都是未认真考虑这项技能自己是否真的需要。

宏观来看，在集体层面，也容易出现轻视主要目的，而追求附带好处的现象。公司上市，主要目的是公开募股，筹集资金，以扩大公司生产经营规模。上市的附带好处，是在公司名称后面跟上股票代码的荣誉感，在客户面前宣称"我们是一家上市公司"的自豪感。经济蓬勃发展的大环境下，许多公司排着队想要上市，却没有仔细衡量公司当前发展阶段是否真的需要公开筹集资金，是否真正适合上市，因为上市会对公司制度有新的要求，还会带来潜在的风险。上市后一蹶不振的公司数不胜数。

做一件事，追求其附带好处，而忽视主要目的，常表现为为了收获别人的赞美、崇敬而去做，却未曾考虑自己需不需要做，能不能做，做没做到。

活出自己

朋友圈是塑造自己形象的主要渠道，是收获别人赞美的重要途径。朋友圈的出现，鼓励了越来越多的为了做而去做的行为。

究其原因，除了追求附带好处，即收获赞美、赢得自豪感之外，就是对美好生活的向往，以及对现实生活的抵抗。朋友圈中美好生活是人人憧憬的，是人们所向往的，而现实生活中不如意的事十有八九，所以人们常常在朋友圈中晒出常想的一二，纪念开心有趣的事。

总之，生活是要自己过活的。别人眼里自己的生活，不是自己真正的生活。别人眼里，可能自己活得很成功，但真正成功与否，活得怎样，自己心里清清楚楚。

活出自己的人，他们能够分辨做一件事的主要目的和附带好处。他们会反复询问自己，这件事需不需要做，自己能不能做。在再三考虑之后，才决定是否全力以赴去下功夫。

他们不会刻意去想，将这件事分享到朋友圈后，会收获多少赞、多少评论，朋友们会对我怎么看。相反，他们想的是，做成这件事，对人生阶段的发展有没有意义，对长远目标的实现是否有帮助。

他们在朋友圈里分享美好时刻，并不是为了收获朋友的赞美和羡慕，而是做完一件事后满怀欣喜和愉悦，顺便发了朋友圈。他们之中，有些人从不晒图发朋友圈，但现实生活比别人的朋友圈更加精彩。这些美好时刻，只是他们向长远目标前进道路上的一块里程碑，未来还有无数个这样的里程碑，等待着他们的到达。

希望我们都不用活在别人的希望里，希望我们都能活出真正的自己。

第三章

高效学习

如何才能让自己不堕落

人是如何堕落的

还记得当年高考很厉害的那几个同学吗？他们后来过得怎么样了？

还记得大学期间不太出众的那些同学吗？他们后来过得怎么样了？

三十年河东，三十年河西

古时黄河常年泛滥，屡次改道，三十年前村落在黄河的东岸，三十年后又变到黄河西岸去了。人们常以此感叹世事兴衰更替，变化无常。

媒体常常会报道十几年前高考状元的现状，他们有的在科研领域继续深造，有的进入名企工作，也有的与普通人过着差不多的生活。身边那些发展得不错的朋友，在中学期间，成绩并不是最顶尖的。

世界财富500强企业，他们拥有全球领先的营业收入，高额的薪资报酬及完善的员工福利，是所有职场人梦寐以求的目标。而他们的平均寿命，只有40岁。时代发展迅速，机遇与挑战不断涌现，稍有不慎，胜利的天平就会偏向对手一边。不过，也正是时代发展带来的风口，使得一些创业公司抓住市场，迅速扩张，一夜跃升为独角兽。

这背后的原因，有外部的，也有内部的。外部的原因，可以是生活条件的变化，行业热点的迁移，以及政策制度的更新。这些外部的原因常常是不可预测的、不可控的。内部的原因，最根本的是自己对待外界的态度，这直接影响了决策，从而决定结果。

不少人在高中阶段勤奋学习，高考取得了还算满意的成绩，到了大学后则丧失斗志。从高中到大学，最明显的外部因素变化，一是约束的减少，二是目标的缺失。高中阶段，学习是唯一目标，一切以此为中心。约束自己学习的因素，不止来自于学校、老师、家长，同时还有同学之间的竞争。这些约束都促使自己将所有时间及精力投入到学习，为提高分数而夜以继日地努力奋斗。到了大学，外部约束大大减少，还多了不少可自由支配的时间。经过了高中艰苦的三年，人很容易开始过上享乐的生活——平时上课及作业都随意敷衍，考前临时抱佛脚，只要不挂科就好，将剩下的大把时间，投入到网络游戏、旅游购物等各式各样的娱乐项目中去，潇洒地度过大学四年。

如果将这样不求上进的生活态度，带到毕业之后的工作中，结果必然是入职之后在岗位上得过且过，将交代的工作做完即可，也不求做到多棒，只要不被辞退就好，俗称混日子。

另一群人，可能高考发挥的并不理想，进入大学后，下定决心要改变自己的境遇。他们的课余时间，大部分都用在图书馆，细心研读别人只翻了两三页的教材，与老师深入讨论课堂内容，认真对待作业和考试，并积极参加实习，熟悉工作内容，度过了忙碌而充实的大学生活。毕业后，他们进入职场大展拳脚，将交代的每一项工作都做到极致，努力上进，不断获得提升。

对于他们来说，高考，或许是迈向人生巅峰的起点；而对于前一群人来说，高考，可能就已经是人生的巅峰。

选择努力还是堕落

兴衰更替的外部因素通常不可控，而内部因素，即自己的态度，是可以自主选择的。人在一生中要经历很多个阶段，短期的阶段长度可以按天、按周计算。长期的阶段长度可以按月、按年计算，如高中到大学、参加或调换工作、结婚生子等。每个阶段中，人可以选择两种状态——努力或是堕落。选择努力，造就兴；选择堕落，造就衰。兴衰更替，实质上是人在努力、堕落两个状态之间的切换。

今天选择努力，读了一些书，开阔了视野，觉得有收获。明天选择堕落，在床上玩手机，点外卖，度过了一天。两个阶段连起来，就是短期内由努力到堕落的过程，反之则是短期内由堕落到努力的过程。

今年选择努力，认真完成工作任务，小有业绩，获得提升。明年选择堕落，对工作敷衍了事，数着秒针等待下班，回家后躺床上玩手机。两个阶段连起来，就是长期由努力到堕落的过程，反之则是长期由堕落到努力的过程。

人们选择努力和堕落的概率是多少呢？这就像到了岔路口，往左还是往右的概率。如果两者完全等价，则应平分，都是50%。但很明显，选择努力，需要付出时间及精力，来换取成就，是一种辛苦的主动输出的过程。而选择堕落，无须付出，只需消耗已有的成就，来换取轻松和欢愉，是一种享乐的被动输入的过程。享乐肯定比辛苦来得容易，因此在无约束无激励的环境中，人是更倾向于堕落的。选择堕落的概率可能高达90%，而选择努力的概率可能不超过10%。例如在原始社会中，一些部落好吃懒做，通过抢夺其他部落的食物生存，而不是通过劳动去换取。放在现代社会，不去劳动、靠小偷小摸过活的行为同样存在。

不过，人类社会制定了各种规章制度，来惩戒各种堕落的行为。同样，社会通过多样化的奖励政策，如有形的薪酬回报，或是无形的权利及声誉等，来激励努力的行为。在这样有约束有激励的环境中，人们明白了他律与自律，学会了成长与上进，选择堕落的概率可能低于30%，而选择努力的概率可能超过70%。

这里我们只考虑了未来的选择，而没考虑做出选择时所处的状态。如果当前一个人处于努力状态中，见识到了努力后的成长，收获了预期的回报，那么他更容易选择继续努力，不断上进。如果当前一个人处在堕落状态中，贪图享乐，好不快活，那么他更容易停留在这种状态中，继续享乐。如此一来，本就努力的人，在下一阶段中选择努力的概率会大于50%；本就堕落的人，在下一阶段中选择堕落的概率则会大于50%。

这给我们带来两点启发。

第一，无论选择努力或是堕落，都存在正反馈调节，即在下一阶段中，选择与当前阶段的状态相同的状态的概率，会越来越大。如果一个人多次选择努力，那么他会养成一种勤奋上进的好习惯，在每次进入下一个阶段时，他继续选择努力的概率会越来越大，例如从70%，到80%，再到90%，形成良性循环。这也是为什么我们看到很多勤奋上进的人，不管在哪，依然勤奋上进。同样，如果一个人堕落太久，养成不劳而获，贪图享乐的坏习惯，在每次进入下一个阶段时，他继续选择堕落的概率会越来越大，从70%，到80%，再到90%，形成恶性循环。这也是为什么我们看到很多不思进取的人，多年以后，依然一事无成。

第二，堕落是有代价的。本是努力上进的人，如果在下一阶段的选择中，放弃了70%的努力，选择了30%的堕落，那么他在之后阶段中，回到努力这一状态的概率，就低于50%了。并且，由之前第一点的正反馈可以看出，如果继续停留在堕落状态，回到努力状态的概率会越来越小。正如成绩优异的少年不小心接触了网络游戏而沉迷进去，居家好丈夫不幸染上了赌瘾而难以抽身。而在学习和工作中，晚上堕落一下，如熬夜玩手机，会对第二天的精神状态产生影响，从而影响学习及工作的质量，第二天需要花更多的时间去完成原定的任务。长期来看，堕落的生活方式也会让身体健康付出代价。

总之，进入下个阶段时，选择努力还是堕落，不仅决定下一个人生阶段的状态，也会对后续所有人生阶段的发展产生深远的影响。

不再堕落，选择努力

人生中机遇与挑战并存，可能冲上巅峰，也可能跌入谷底，充满了兴衰更迭。想要拥有更美好的生活，外部因素通常不可预测，而内部因素，选择堕落还是努力，则是完全由自己把握。

堕落就像地心引力，想要下降，只需要放松就好。相反，努力就像往天上发射火箭，需要输出能量，需要克服令自己堕落的地心引力。相比而言，选择堕落，简直太容易了。

人是如何堕落的？根本原因在于顺应了人的本性，屈服于自己的本能。人的本性，是力图通过最小化的付出，收获最大的回报。极端的形式，是期望不用付出，也有回报，这些回报常体现为及时的愉悦感。因此，人的本性容易使人去做一些会给自己带来及时愉悦感的事情，而排斥做一些需要付出努力才有回报的事情，因为它们不仅不会带来及时愉悦感，反而还可能带来痛苦。具体表现为，饿了就吃，困了就睡，不想工作了就辞职，遇到困难就放弃。随时随地，来一次说走就走的旅行，谈一场奋不顾身的爱情——今日有酒今朝醉，明日愁来明日愁。活在当下，尽情享受。

一个堕落的周末，可以这样度过：睡一个到中午的懒觉，醒来后点份外卖。下午想做点事，学点知识感觉有点难，不想动脑，打算去运动又懒得换衣服出门，于是玩起手机，或是点开娱乐网站。不知不觉到了晚上，再点份外卖，吃完差不多就洗洗睡了。躺在床上，感叹"又荒废了一天"。如果周而复始地过着这样的生活，那即是陷入了堕落的泥淖。

想要不再堕落，选择努力，可以从两方面来实现，一是降低自己选择堕落状态的概率，二是提升自己选择努力状态的概率。

　　降低自己选择堕落状态的概率，意味着需要学会克制自己贪图享乐的本性。下次想堕落之前，先问自己：这件事对解决现有问题是否有帮助，对后期发展是否有负面影响？自习时玩手机停不下来，反问自己：再继续玩下去，对学习是否有帮助？下班回家晚上无所事事，在点开一部电影或电视剧之前，先思考：看完之后对明天工作会不会产生影响？

　　提升自己选择努力状态的概率，意味着要找到努力的动力，这些动力可以是实现目标后将会获得的回报，如愉悦感、幸福感、薪酬及声望等。同时承认，付出是换取回报的必要途径。学习新技能新知识太辛苦，但学成之后能给自身带来新的竞争力。运动很累，但会换来更加健康强壮的身体。

　　当然，最佳的状态是既愿意努力，又乐在其中，在努力付出的同时收获快乐。

　　调整堕落和努力的概率分配的过程，实际上是磨炼自己性格的过程，是克服自己贪图享乐的本性的过程。

　　打磨自己的过程是痛苦的，但最后，你终将收获一个更好的自己。

大学四年，未来四十年

每年6月底，都是几家欢喜几家愁——一年一度高考出分的日子又到了。

成绩满意，当然欣喜，长舒一口气，迎来漫长暑假，憧憬四年大学生活；成绩不尽人意，则略显焦虑，将能填报的学校比了又比，不知道最终会往哪里去。

十二年寒窗的努力，用区区几张高考试卷来定义，是否合理？

高考，带给学生的究竟是什么？

李彦宏、雷军、张朝阳、史玉柱等成功人士均出自985高校。高考和成功是否有必然联系？

是命，也是运

高考跟创业其实很像。

创业，需要不断地学习产品研发、掌握市场动态，不断地推出新产品试错，分析总结其优势与劣势，然后做出调整与改变，以赢得市场主动权；高考，也需要在学习新知识的同时，做大量的习题，不断地犯错、总结、改进，认识到自己的强势与弱势，并努力下功夫，平衡发展，以求在高考这座独木桥上取胜。

曾经听香港某本地品牌的电商团队带头人讲创业（很多香港本地品牌想在内地拓宽电商销售渠道，其实并不容易，因为香港没有电商），他带领团队一手开拓了整个大中华区的电商销售网络。一开始，他让我们回答，在创业过程中，哪个因素会最大程度决定成败？创意、观念、领头人、团队成员、宏观计划、执行力还是资本？

我们相继投票。讲座结束时，在最后一页PPT上，他揭晓了答案——运气。

成败得失，全靠运气。

高考的几张试卷的题量，不及高中做题量的1%。而高考的这1%，就要对三年的100%做出检验。如果考的都会，那简直运气爆棚；如果不幸跑偏，那也在情理之中。

每个人都各有所长，试卷上出现的题目，对一些考生有利，但对另一些考生而言，则有可能是灾难。比如语文的现代文阅读，有的考生擅长记叙文，有的擅长议论文，有的擅长抒情性散文；作文就更是如此。

这就像金融市场里的零和博弈：

一方的收益必然意味着另一方的损失。有人得利，就有人失意，想在这瞬息万变的金融市场中获利，有时真得靠运气。

高考，几张试卷的范围太小，无法全面考查一个学生的整体素质。也许换个省高考，做另一套题，分数就会截然不同。

大学四年，未来四十年

虽说高考中运气成分不容忽视，但亦不容夸大。有句话是这样说的："命乃弱者借口，运乃强者谦辞。"

我曾在文章中提到过运气和实力的关系——"如果我之前……就好了！"

高考只有一个正确答案。运气不好的话，碰到不会的题，错了就是错了。但人生有许多答案，无论结果如何，都不应该否定自己的可能性。

大学四年，正好是提升内在实力的最佳时期。

在学习上，没有了紧张的升学压力，学校管理更为宽松，课程相比高中也少许多，每天不用朝九晚九。

课后，丰富多彩的社团活动使得大学生活更多元化。上完一天课后，可以选择复习，也可以选择参加社团活动，还可以选择出去玩。

学习成绩也不再是考核学生的唯一标准。学习好是优秀，积极参与社团活动也可以是优秀，在特定领域有自己的一技之长同样是优秀。

总体而言，大学相比高中，氛围更加自由，生活更加多元，选择也更加多样。

在这样的环境下，没有目标的人会渐渐迷失——习惯性敷衍作业，强迫性晚睡，后来甚至连外界都不关心，只沉浸在自己的荧幕世界里……这样的例子太多太多了。而有目标、有规划的人，会利用这段最自由的时间，去做自己感兴趣但在高中没有时间做的事情，去实现自己从小到大的想法与创意，从内到外努力提升自己。

再从深层次来看，大学四年也是培养、重建价值观的重要时期。在四年的生活中，除了锻炼综合能力之外，内在的情商与智商也在不断发展。每天与同学、老师的对话，自己参加的活动，做出的选择，都会对自身行为习惯、价值观产生深远影响。慢慢地，到了大三大四，价值观与习惯就会逐渐定型，并跟随到毕业之后的工作和生活中去。说大学四年决定未来四十年，一点儿也不为过。

名校毕业的"牛人"确实很多，但很多商界领袖的本科学校并不是985或211高校，普通大学的大佬反而不少。两位"马爸爸"中，马云毕业于杭州师范学院，马化腾毕业于深圳大学。王石毕业于兰州交通大学，许家印毕业于武汉科技大学，甚至仅有中学文凭的大佬也有一大堆。就算出身普通，利用资源与条件，照样可以创造一番事业。

大学是重新洗牌的关键时期，课堂的知识、丰富的活动、学校的各式各样资源，全都摆在那里，四年怎么过，完全取决于你自己。

比起高考，大学的四年更能决定你的未来。

高考带给你学习的能力

除了课本上的知识之外，高考还带给你什么？

终有一天，我们会忘记大秦帝国在哪一年建立，会混淆右手定则的适用条件，会忘记余弦定理与圆锥曲线。唯一记得的，可能只有食堂的煲仔饭。

实际上，高考带给我们的，是忘记所有知识后，还剩下的东西——学习的能力。

放在语文上，是拿到一篇文章，能快速掌握主旨、找到重点、获取关键信息的能力；放到数学上，是碰到一个概念，能快速构建抽象思维体系、用逻辑思维去理解的能力；放到历史政治上，是遇到一场事件，能快速理清人物关系、分析归纳起因经过结果、总结与评价的能力。

这些宝贵的能力，不管是对以后的学习还是工作，都大有裨益。比如阅读报告、理解概念、归纳分析等，这些是在各式各样的工作岗位上都会用到的能力。

如今盛行的考试培训班，一个中国的资格考试，培训机构收费几千元；国际性的资格考试，像特许金融分析师（CFA）、国际注册会计师（ACCA）更是要价上万，比大学学费都贵出几倍。而如果熟练掌握学习的能力，能够自己去理解和归纳，那完全可以自学自考，省下几万学费。这大概是学习本身最直接的作用了。

从长远来看，更关键的是把这种学习的能力，不断运用到生活中去，天地万物皆为我师，做到更深层次的终身学习。

高考的运气因素不容忽视，但相比高考，除了知识之外，更重要的是收获了学习的能力。如何将这种宝贵的能力，运用到大学四年中，运用到之后的生活中，远比高考更能决定一生。

读书不必破万卷

有一段时间，我沉迷于 kindle 里一次性囤积十来本书，然后用半个月的时间啃完。我当时焦虑地认为，如果不加快汲取知识的节奏，就会迅速被同龄人甩下，被 AI 替代，被时代抛弃，所以一定要快速进行认知升级！受俞敏洪老师的影响，我给自己定下了一年读 100 本书的目标，就连赶路和等餐的时候都在疯狂啃书。

然而，坚持了几个月后，我蓦然回首，感觉自己好像也没有变聪明，知识也没有变渊博，思辨能力也没有变得更加犀利。唯一变了的，是眼袋变大了几圈。

为什么会这样？我开始自我反思。我发现自己掉进了饱和式充电的误区，明明大脑里已经塞了很多东西，还没来得及理解和融合，就又被接踵而来的新信息顶替，变成了大脑皮层深处的一缕"空谷回音"。而这些本该慢慢咀嚼的好书，就在我的匆匆一瞥中化成了已读书目中一记干瘪的打卡，除了占据大量时间，没有起到丝毫作用。

出于浮躁和焦虑的心理，我们对新信息总有种无节制的贪婪。我们不甘示弱，我们激流勇进，我们每天不停地阅读、不停地翻书、不停地刷新公众号文章，生怕错过任何一条对自己可能有用的信息。出发点虽然是好的，但是，这些信息太多太杂，往往来不及整合和消化，过不了几天就被遗忘了大半。即便后来回忆起只言片语，也不记得堆积在大脑的哪个角落了，根本无从查起。

当人学习的核心动力从有目的性的自我充实变为了毫无头绪的东拼西凑，当我们对知识的度量标准从学习了多少内容变成了读过多少本书，我们就会发现，自己无非是从"忙"变成"茫"，实质上，没有任何思想境界上的提升。

那么，我们到底该如何读书，如何避免成为疯狂读书却一无所获的劳奴呢？我想，接下来讲到的几位学者会给你启示。

好书三千，只取一瓢

几年前入"红楼坑"的时候，我关注了一位"一生只读一本书"的个性博主。他的博客里只有一类文章，就是对《红楼梦》的分析，文字妙趣横生、观点新颖、视角独到。后来我才知道，这个博主已经专注分析《红楼梦》十余年，文章水准在圈内可谓是首屈一指，广获好评。

我还在意外中发现，他竟然是我在喜马拉雅关注的《红楼专辑》的作者，这个专辑特别受欢迎，收听量已经达到近200万次。

我心中顿时被一种奇妙的缘分感戳中。无意之中，我竟见证了一位红学大V的崛起！由一个红楼爱好者变为一个颇有影响力的红学研究人士，怎么能不叫人佩服？

这位大V笑言，自己大半生都在研究红楼，可以说是在用生命读这本书了。用尽一生读懂一本书，多么浪漫。我顿时想起了木心那首动人的诗：

从前的日色变得慢，车，马，邮件都慢，一生只够爱一个人。

我一直坚信，在同等效率下，做一件事投入的时间与它产出的质量成正比。一件由手工艺人精心设计、认真雕琢，一针一线缀上细密珠玉的衣裙，一定比流水线上批量生产的更有质感。

同样，读书的质量远比数量重要，读书的效率远比速度重要。最关键的不是这本书是否成了我们读书列表的一部分，而是这本书是否成了我们大脑的一部分。同样是读莎士比亚，有的人可以流利地背诵里面的每一句至理名言，有的人却能真正领会到文字背后的深意。哪一种才是真正的阅读者？答案不言而喻。

真正衡量一个人是否有学问不是看他拥有多少知识量，而是看他思想的深浅、格局的高低。

读书是盖楼，不是搬砖

《哈佛幸福课》说到，我们现在的教育，就像是把每个人当成一只盘子，在上面不断堆砌食品。这些食品不过是信息本身，我们对它的理解，只是浅尝辄止，仅仅是知道了、关注了而已。

而这些未经加工和整合的知识，就像多余的食材一样无序地堆在一起，利用率极低，价值随着时间的流逝大幅度缩水，最终变成了厨余垃圾。

这种学习模式，我定义为"伪学习"。伪学习者的通病，就是出于不自信的心理和对学习目的的错误认知，用大量的知识填满内心的空虚，相信学习知识的多少与真实的进步一定成正比。当然，我们必须肯定伪学习者上进的初衷，但是，不得法的学习模式只会让我们变成知识的搬运工，而绝非智慧的生产者。大量未经理解的知识涌入大脑，反而有可能会给大脑带来更多负担。

布鲁克斯的《社会动物》提到，一说到学习，我们马上想到的就是接触和获得陌生的、全新的知识，很少意识到学习的本质是对知识（其中包括大量的旧知识）的整合，是对知识的重新建模。

　　学习不是搬砖，而是盖楼。我们从小到大，无论是从书上还是从人身上学到的各种知识，经过每个人独特的理解，逐渐形成了每个人自己所独有的思维模式。而它就形成了房子的基本架构。在这个基础上，我们会把新学到的东西搬运回来，经过比较、过滤和筛选，将处理过的有用的信息作为组成房子的建筑材料，不断在原有的构架上进行累积和构建。

　　如果说学习过程是出去寻找各种各样的建筑材料，那么吸收过程就是筛选合适的材料，加工后完善结构的搭建。在这个过程中，我们的认知体系也在不断升级，我们伸到外界的触角也会随此越来越灵敏。每一次接受新知识后的搭建过程，都是对自身知识体系的加固，是整个学习过程的核心步骤，也是赋予大脑更强大生命力的秘钥。

　　一个人的进步，不在于他读了多少书，也不在于他学到了多少知识，而在于他在既定领域里，有没有得到思维和认知的提升。如果知识量不能转化成自我认知的一部分，不能裨益思维大厦的构建，不能成为自己分析处理问题的工具，那么它们只能是占用大脑空间的垃圾。

书上无字，心中有书

房地产大亨冯仑对于读书有着独特的理解逻辑，他认为，读书是生存的必须，是为了解决当下的问题。他强调读书是对于生活和工作的即时实用性。他说："要把别人的知识、经验、观点转化为你的一种生命体验和价值，以及你创造新的生命过程的一种行动力、参考力。"

不像广泛阅读者不抱目的阅读，他是怀着找答案的心态，有针对性地看书，再从书中寻找普遍规律，融入自己的思想理念和认知体系。

他说，看书练的是心，练的是看未来的思想。他给自己的书屋起名叫"无字"，意思是，当你看完了一本书，这本书上就没有字了。无字所折射的思悟，是指读书并非普通意义上的浏览，而是与自己的心灵对话。当读透一本书后，书里的字已经全部变成了思想，融进了灵魂中。

读书的最高境界，是把书从多读到少，把有字读到无字，最后书成就了人，人忘记了书。而此时书读几卷，早已无从得知，也不再重要了。

高效的核心在于精进

高效，是精进不是堆砌

我曾经在实习期见识过一位陀螺般的同事。他走路带风，步速极快，电话极多，效率却不算极高。为了争取更多机会，几乎所有业内聚会上都有他的身影；他的工作计划列表比女生的购物清单还要长；他经常奋战到凌晨才有时间看微信，跟进群里的工作进度。

在我们眼中，每一秒钟的他，都是永不停歇的状态，但若是将他的工作强度与业绩相挂钩，又会让人感到有些"天道不酬勤"。

时间久了，我发现一个秘密：无论是在内部还是外部的会议上，只要不是他发言，他就低头忙碌地看手机，看精彩纷呈的朋友圈，时不时点个赞留个言。到了大家一起讨论的环节，由于对别人的发言内容一无所知，他总是提出令人啼笑皆非的问题。

最令人抓狂的是，当下属做一件事时，他会同时安排许多不紧要的工作给对方。而大家无法按时完成时，他就不得不放弃几项不重要的。而当他觉得大家又能应付过来了，又会安排一堆计划外的工作，然后再在大家忙不过来时放弃一些不重要的。如此的周而复始中，团队的工作效率总是很低。

其实他的毛病是很多人的通病：不会选择，不会放弃，总想在有限的时间去做无限的事，结果到最后一件事也没做好。这所谓的忙碌，本质上就是拆东墙补西墙，虽然看起来干得热火朝天，但实际上城墙没有变高一点点。

实际上，最理想的生活节奏不是忙忙碌碌，而是张弛有度；工作最需要的不是填满，而是精进。

专注，就是一次只做一件事

精进最重要的是专注，而这，正是我们身上渐渐流失掉的优势。

随着互联网的兴起繁荣，在这信息大爆炸的时代，人们已经习惯了博览式的碎片化信息采集，忘了如何去专注。我们往往有决心去做一件事，付出多少辛苦也在所不惜，但却没有勇气只做一件事，因为我们认为，这是一种对精力和对资源的双重浪费。

巴菲特私人飞机的驾驶员迈克曾与巴菲特聊职业规划。巴菲特让迈克写下25个职业目标。迈克写完后，巴菲特又让他挑选出最重要的5个。

"现在你该知道怎么做了吧？"巴菲特问。

"你的意思是让我先集中精力完成这5件最重要的事，然后再去做那20件不重要的事？"

"不。"

"另外20件，是你必须全力避免去做的事。"

在巴菲特看来，那些想做却没那么想做的事，比压根就不想做的事更能分散精力、干扰事业，而他本人也正是如此。注意力如此宝贵，一定要把全部精力花在最有价值的一件事上。

巴菲特身为股神，在工作和生活外的其他方面模式非常单一。甚至连不熟悉领域的股票，他也绝不插手，可谓专一到了极致。

而正是这份在熟悉领域的极致专注与持续学习，让他获得了令人望尘莫及的精进程度。别再贪心地抓住一切不放，这样反而会将效率大打折扣。专注是减法，是舍弃，是一心一意执迷到底，也是精进技能的唯一秘籍。

曾经看到一则有趣的佛学故事。

学僧有源问大珠慧海禅师："和尚最近怎么用功？"

大珠禅师答道："该吃饭的时候吃饭，该睡觉的时候睡觉。"

学僧很奇怪地问："平常人不也吃饭睡觉吗？这也叫修行？"

大珠禅师说："平常人吃饭时千般计较，不肯吃饭；睡觉时百般思索，不肯睡觉。"

"吃饭的时候吃饭，睡觉的时候睡觉"，就是要达到专注的状态。专注就是在特定的时间内只做特定的一件事，并把这件事做到极致。成天熬夜暴食、作息混乱不堪的朋克养生党一定都明白，这事儿看起来容易，其实非常难。

高晓松说："一个好的厨子，一辈子做几道招牌菜，做得越来越活色生香才是最重要的，而不是总换菜单，让老客人受不了，新客人也担心，还不如把招牌菜做到极致。"

《射雕英雄传》里的郭靖，其智商可能是整部小说人物里最低的，但他却练成了绝世武功。练习"降龙十八掌"的时候，他每天魂牵梦萦的都是一个动作，每天只对一个动作无数次地重复与揣摩。笨只是他的一个特征，而不是他的弱点，最终也正是因为他的笨，才成就了他的专心致志。

这些看上去不聪明的家伙，就像细细打磨工艺的匠人，在浮躁的尘世中，在信息往返穿梭的互联网时代，在喧闹的地铁里，在人们拼命忙碌的时候，安安静静地做着一件别人眼中过于简单的事，安安静静地把其他人都甩在身后。

而正是这种安静、持续、精进的力量，使得他们的眼界和格局不断提升。

乔布斯很喜欢一本叫作《禅与摩托车维修艺术》的书。这本书里有句话讲："仓促本身就是最要不得的态度。当你做某件事的时候，一旦想要求快，就表示你再也不关心它，而想去做别的事。"

这句话可以说是很乔布斯了。乔布斯在创建他的苹果帝国时，正是坚持着日本禅师铃木俊隆的理念，将专注的精神一以贯之，倾注全部身心与灵脉去感受产品、完善产品，完成过程与精神的高度统一，将一系列商品贯彻了同样的本质与风骨。而这种专注诞生的成果，是任何机械化、电子化技术都无法模仿的内核，也是任何流水线都无法复刻的灵魂。

坚定，是精进工作的核心驱动力

对一件全新的事物投入精力并且专注到底，是一个浩大的过程。这个旧的规律被打破，新的格局被建立的过程，艰难却又看不到明显进展，多少人都是在这个阶段败下阵来。

然而，所有的一飞冲天都需要经过与摩擦力抗衡后助跑的阶段，这个过程就是引擎不断加速的过程，这时候虽然还没有起飞，却决定了起飞后的速度。所以这个时候你要做的，只有坚信。

《士兵突击》是我所钟爱的为数不多的国产剧。主角许三多很傻，总是闹笑话，被人取笑。在他无比迷茫时，班长告诉他："人活着最重要的，是做有意义的事，别的都不重要。"就这样简简单单的一句话，便成了他人生最大的目标和行动准则。

他对于目标怀有极大的专注与恒心，甚至忘却了自己的生死。他可以为了完成一个简单的训练动作，在单杠上旋转几千圈不休。围观的人群水泄不通，大家对他的态度，从取笑到不屑变成了尊重甚至是仰望。他的连长这样评价他——执拗得像个傻瓜。他遇到小事，都像救命稻草一样紧紧抓着，等有一天一看，他抓住的已经变成了参天大树。

当他所在的七连的人都被遣散，只剩下他一个人的时候，他所有的坚持都没了意义，可是他依然死心塌地坚守。这种坚守，是专注的至高境界，是对人生信仰的坚定捍卫。他只知道当个好兵，过有意义的生活，正因为如此简单的目标，他终成兵王。

《士兵突击》里的聪明人成才，智商比许三多高出了十条街。他正如千千万万的聪明人一样，对每件事情都要评判一番、权衡利弊。但当他事事争第一，换句话说，一味追求利益最大化，以局部损失换取整体胜利的时候，不知不觉就陷入了零和游戏的得失旋涡，最终深陷其中，一无所获。

无法专注的人就像背着沉重的行囊，永远无法对一件事情集中精力；而专注者却可以轻装简行，在一个特定方向的跑道上助跑滑行、积聚能量。"逐鹿者不顾兔"，追逐大目标的人要学会心无旁骛，不焦虑，不患得患失，不要因为眼前错综复杂的利益得失，而忘记了自己为什么出发。

思考，决定精进的质量

精进者必须懂得深度思考。马东在《奇葩说》上说过一句话："我们往往只知道自己在哪一条船上，却不知道自己在哪一条河上。"人们对于自己生命方向的迷茫，被老马一语中的。很多匠人之所以只是匠人，就是因为他们只知道需要精进手艺，却不知道自己如何精进，为何精进，精进过后该去哪里，属于自己事业的河将流向何方。这是所有精进者都有必要思考的问题。

在深度思考中，我们对于精进的本质、精进的方式、精进的意义的认知，都会产生质的飞升。

然而，深度思考是枯燥的。深度思考时，我们跟外界的联系是被阻断的，因为接收不到外界的刺激，我们的应激和唤醒水平也会降低。只有克服了这些困难，让大脑高度集中，摒弃外界干扰和诱惑，忍耐长时间的枯燥和乏味，才能达到事物的本质。

这个时候，我们收获的不仅是对思考对象本身的认知，更是大脑能力的一次提升。在美剧《亿万》中，对冲基金大亨鲍比·阿克塞尔罗德时常在忙碌的工作中空出几十分钟时间，坐到黑暗的房间里，安静地冥想。

这一幕极其动人，你能感受到一台飞速运转的机器，在那一刻突然放慢速度而认真自我雕琢的场景。时间滴答流转，时空安静，他的大脑迅速复盘过去，规划未来，你丝毫不会怀疑，在下一次重大决策中，这台非比寻常的设备又将创造出数以亿计的财富。

当人类战胜自己的大脑极限后，进行的每一次深度思考都是对一件事认知的复利式增长，同时也是对大脑潜能和思维深度的复利式提升。通过这样的提升，它又会以新的思维体系，更高效地解决下一个问题。

深度思考本身，也是对大脑的一种精进。

留白，是精进的艺术

精进的人要会张弛有度，学会留白。

高三那一年，我的学业进步很大：用一年的时间，从年级排名几百到考取港大。我最大的法宝就是浪费，无论当天多么忙，每天都要给自己留出一小时的时间用来浪费。散步也好，聊天也好，打球也好，总之不能用来学习。

这个策略是对自己进行一次短暂的放逐，一方面让紧张的神经得以放松，生理上劳逸结合；另一方面是利用代偿心理，警示自己只有学习效率高才能对得起这宝贵的一小时，从心理上获得更多加速度。浪费的这一小时，实际上能为我创造出远远高于一小时的价值。

正如一个好的赛车手，仅做到车速快还远远不够，更重要的是要懂得适时刹车，这样才能够游刃有余，安全到达终点。

小时候学国画，老师常常教我们要注重留白，为画面平添气韵。留白是为了营造一种"气"，能够随着画中所绘，形成一种动势，让画面以空白为载体，渲染出笔触描摹不出来的意境。

"千山鸟飞绝，万径人踪灭。孤舟蓑笠翁，独钓寒江雪"是柳宗元对于留白的一种诗意写照。满眼苍茫，举目荒凉，只有一舟一翁一钓竿，在雪中的江上刻画孤独。这首诗本身就是一幅意境悠远的写意画，整幅图景因为留白显得空旷深幽，苍山云海、霜雪水雾都融在这四方留白中。寥寥几句，就勾勒出了一方烟波浩渺的广阔天地，这正是留白的功劳。

正如巧用留白可以达到艺术中"此处无物胜有物"的高超境界，精进的人讲究留白，便能够张弛有度地过自己能够掌握的人生。

太想赢，你就输了

"我竟然又算错了！"

"那道题我如果……就好了！"

学生时代，每次考完试，相信你肯定有过这样的内心对话。

其实不只是考试，还有很多类似的场合，我们都会在事后感叹自己表现欠佳，比如：

"刚刚面试官问我的时候我应该……"

"上次和女朋友出门的时候我应该……"

考试、面试及和女朋友出门，这些场合都有个共同的特点——在短时间内，需要优异的表现，否则会错失难得的机会，甚至带来可怕的后果。

因此，在这些场合中，我们需要全神贯注，展现自己的最佳实力，力求一切都做到最好。

而结果往往是，在过程中自己因为过于紧张，造成发挥不佳，事后徒自感叹懊悔。发泄出一堆虚拟语气"如果之前……就好了"。

今天，我们就来聊一聊这神奇的东西——心态。

如果太想赢，你就已经输了

当今时代，互联网信息传播迅速，清早起床就有头条推送，年轻人创业一夜成名的例子每天都在上演，朋友圈里也少不了朝九晚九努力奋斗的故事，这些信息营造出了一种激烈的社会竞争氛围。在这样的大环境下，每个人都会产生这样的心理：

"我要赢，我要出类拔萃，我要一鸣惊人……一边勤奋努力，一边强烈渴望成功。"

这种渴望成功的心愿肯定是好的，人生嘛，总是需要一些激励和鼓舞的。

不过从另一面来看，很多东西，你越在乎就越得不到。因为太想赢，于是受其牵绊，心绪烦躁、理智混乱，而这些不良情绪，无疑会成为失败的伏笔。

因此，一种良好的心态就显得尤为重要，究竟想赢到什么程度才最合适？

如果将我们想要完成的一个目标看作比赛的话，那么通常都有三个阶段——赛前准备，进行比赛，赛后总结。而想赢的合适程度则可以这样理解——想赢，是比赛开始之前刻苦训练的信念，是比赛以后知耻而后勇的动力，而不是比赛时帮你获胜的武器。

也就是说，渴望成功的心态在赛前和赛后能发挥很大作用，而比赛过程中，这种心态不能过于强烈，否则会让人患得患失，并且还会带来负面情绪，进而影响发挥。

一个典型的例子就是美国的射击选手马修·埃蒙斯。射击是一项非常考验选手心理素质的体育运动，而他却连续两届奥运会败在最后一枪上面。雅典的那一枪，埃蒙斯打到了别人的靶子上；北京的那一枪，埃蒙斯只打了4.4环。八年努力，两枚金牌，就这样在全世界的惊讶与叹息中付诸东流。

中国有句老话叫"行百里者半九十"，意思是说走一百里的路，走到九十里，才算走到一半。越是到最后，离成功更近，谁能保持良好的心态，保持冷静，谁才能获得最后的胜利。

这就是良好心态的第一点——不要太想着赢。

有实力，才能撑起底气

太想赢，容易导致情绪波动而影响发挥。同样的，如果没有充分准备就上场，也很难有令人满意的成绩。

也许你听过很多"我什么都没复习，结果考了满分"抑或是"不去招聘会，面试不准备"之类的鬼话。其实能够真正做到这些的人，无非两种——第一种靠运气，第二种靠实力，也有可能是这两者的叠加效果。

不过运气不是每次都有的，幸运女神又不是你的粉丝会一直在你身边。实力才是硬道理。有实力，才有底气。

每次的发挥与心态、实力、运气的关系可以这样表示：

发挥 = 心态系数 × 实力 + 运气

其中，运气是不可控的，或者说运气是随机的，有好运气也有坏运气。好运气会带来超常发挥，而坏运气则会使实际发挥低于理论值。

另外，0 ≤ 心态系数 ≤ 100%，如果心态系数等于100%，也就是说我们发挥了自己的全部实力、真实水平，不过这很难，能做到95%就已经很不错了。

比方说，某场考试有100道题，每题1分，复习时覆盖了其中97道，心态平稳发挥到95%。剩下3道里，碰巧有2道自己灵机一动想了出来，那么最后的得分就是：

95% × 97 + 2 = 94.15

如果自己填的机读卡没被机器读出来，那么运气就是负值，抵消掉了前面的所有努力。

运气好还有很多表现形式，比如大题正好做过，恰巧赶上末班地铁，出门逛街全场五折等。

自己能控制的，只有心态系数和实力，这两者都缺一不可。而心态系数，还可以被实力影响。实力越强，对自己则越有信心，就越能保持一个良好的心态上场，把实力发挥到极致。

举个我身边的例子：有次期末考试，大家早听说题目会非常之多，2个小时时间肯定是做不完的。然而有位同学睡过了，开考45分钟以后才来，进门时大家都向他报以关切的眼神。结果，他1小时就把题做完了。考试结束前15分钟大家还都在埋头疯狂书写，只他一人"事了拂衣去"。

这，就是实力。

试想如果没有扎实的基础和充分的准备就上场，结果必然是这也不会，那也不会，进而产生非常焦虑的心情，心态系数急剧下降，会的也不会，最终就是什么都不会。

"凡事预则立，不预则废。"千万不要打无准备的仗。实力有了，底气足了，自然会信心满满，实现自己的真实发挥。

别想太远，聚焦眼前

在高压环境下，一个容易犯的错就是多想：将一个小失误成倍放大，思考其带来的巨大影响。

为什么高考时发挥失常的例子屡见不鲜？就是因为高考的几张纸决定的太多。一道小题做不出，马上就会联想到差一分没能考上理想学校的遗憾，进而觉得自己一生都会被这道题改变。面试也是一样，觉得上一个问题没答好，就担心自己被淘汰，进而丢掉这份工作机会，甚至会毁掉未来。

由一个小问题联想到自己的一生，这会大大增加心理压力，而且最关键的是，这些浮想联翩，非但对解决问题没有任何帮助，反而还会增加自身负面情绪，并且浪费宝贵的时间。

总体来看，还是我们想得太多了。将未来的事情浓缩到当前的一个小点上，从而给自身带来了巨大的压力及情绪波动。要知道，能改变人生轨迹的事情很多，不限于小小的一件事情上。

将思绪控制在当下，将思维聚焦到眼前亟待解决的问题上来，别想太远。

其实，生活中这些需要在短时间内高效发挥的事情，就好比走一条笔直大道，虽说大道两边难免会有一些障碍，但只要平心静气，有条不紊，完全可以笔直向前迈进，顺利到达终点。

之所以会撞上两边的障碍，那是因为你太急于求成，太渴望成功，慌慌张张摸不清方向；之所以到不了终点，是因为前期准备不足，被一两个障碍挂伤了自信，没有信心继续前进；之所以走走停停，是因为想太多、想太远，没把精力放在眼前。

所以，无论做什么事，请把心放宽、放平。

不要总想着赢，要准备充分，并以自信淡定的姿态上场。《三傻大闹宝莱坞》中说："追求卓越，成功就会追随你。"同样的，在心态上：追求一颗强大而平静的内心，成功就会与你不期而遇。

过程才是终极目标

压力升级，心灵无法承受之重

有一期《最强大脑》中，出现了一名堪称"游戏帝"的挑战者，他简直把游戏打到了出神入化、神佛不惧的境界。可意想不到的是，换了比赛场景后，他竟然在完全一样的比赛内容中一败涂地。

选拔赛中，他给大家展示了挡住下半部分，盲玩俄罗斯方块的绝技。他提出了边玩游戏边嗑瓜子的要求，然后就如同长了透视眼一般，一边优哉游哉地嗑着瓜子，一边调动强大的记忆力快速而准确地操作，最后轻松挑战成功，获得了《最强大脑》国际赛的参赛资格。

到了国际大赛赛场，他与一个国外选手对决上次完全相同的竞技内容。可是这一次，他在比赛中频频失误，连上次10%

的水平都没发挥出来，最后以惨败告终。

场地相同，竞技内容相同，甚至连嗑瓜子环节都相同，可结果却大相径庭。天才游戏玩家不慎失手，到底输在了哪里？

我发现，这位游戏帝但凡只要在公众场合中就会紧张，从国内比赛到国际赛事，他紧张的程度，随着比赛的规模和重要程度层层递增。一开始他试图通过嗑瓜子缓解紧张情绪，可一旦紧张过度，瓜子也救不了，于是发挥便会大打折扣。

因为过度紧张发挥失常的案例，我们见过太多了。

三年苦读输于一朝失误的高考学子，颁奖台上不慎跌倒的明星，都是因为过度紧张，没有展示出应有的水准。过分在意输赢，执念太重，在开始之前就担忧"搞砸了怎么办"，往往会给人的潜意识形成负面影响，也会给心理施加更多压力。

如果潜意识形成太紧张了、千万别输、我不舒服、赶紧结束等信息，大脑得到的反馈就是压迫、失败、抗拒、逃离等负面概念，于是带动身体产生相应的应激反应，从行动上排斥这个比赛。

可见，一个人的情绪是否稳定，对于一件事情的成败影响非常巨大。人的决胜之战，很大程度上，是同自己的内心较量。

胜负失衡，得失只在一念之间

作为《奇葩说》的忠实粉丝，我对每一位辩手都如数家珍，

尤其喜爱如晶和思达，两人每一次辩论都是字字珠玑，令人在
欢笑中拍案叫绝。

可是，他们总在参加冠亚军决赛中发挥失常，大失水准，
最终与冠军失之交臂。对于比平时还要简单的辩题，他们一改
往常妙语连珠的状态，都变得哑然无声，对着摄像机长时间沉
默，让人在台下看着都着急。

为什么会这样？

在平时的节目中，他们对辩论的潜意识理解，都遵从内心
的本性。如晶是把演讲当作自己的唯一热爱，而思达是把演讲
当作自己情感与态度的自然表露。日常比赛中，他们用辩论表
达自我或是说服群众，而不是为了获胜，获得观众的支持与喜
爱，不过是自然而然、水到渠成的事。

他们在辩论场上的如鱼得水、轻松快活，在脑海中形成了
积极的潜意识，而这种潜意识就提供了正面的助力，让两人越
辩越强，越强越辩，推动他们不断上升到新高度。

而到了决胜负的紧要关头，他们就会丢失了自己的真实状
态。两人有一个共性，都是太执着于这次比赛的结果。如晶曾
哭着告诉所有观众，自己对冠军有多么渴望，却又离它多么遥
远；思达也总在别人提到冠军这个字眼时突然沉默。

对胜利的过于在意，使他们偏离了初心。原有的稳态一旦
改变，潜意识就无法延续助力，反而受到错误的暗示，开始帮

倒忙。它告诉大脑"我们的主人抗拒现在的场景"，于是身心开始对局势产生微妙的逆向磁场。

有一期节目里，辩题为"人到底该不该上进"，如晶谈到了她的失意与困惑。她把在《奇葩之王》中夺冠当成上进的终点，全身心为之付出却又一次次失败，这份挫败感使她痛苦，甚至抵消了辩论带给她的快乐。她因此认为自己不该再有上进心，才能使人生从容一些。

其实，如晶没有错在上进，而是错在了把夺冠当成上进。努力的终点不应该是所谓的成功，而是成为更好的自己。提升了自身能力，就可以从容地处理世界上每一个难题，而不仅仅是一次的比赛。明白了这个道理，放下对胜败的执念，才不会在紧要关头影响自己的发挥。

当我们背离自己做一件事的初衷时，转而为了争夺输赢变得执着，实际上是陷我们自己于不自由中，比赛还没开始，我们就已经走进了误区。

如何给自己积极的心理暗示呢？在舞台上，在决胜负的紧要时刻，我们应这样对自己说："对现在正在做的这件事，我是多么热爱；能与更高水平的人在这里一决雌雄，是多么宝贵的机会；无论胜与败，都会增长很多见识……"这样，大脑得到的都是正向反馈，对于临场发挥，往往也会有正向的促进效果。

忘记结果，过程才是终极目标

同样是在《奇葩说》，罗振宇在第四季中被邀请为常驻嘉宾。由于他是做内容输出的，对于这种冲突主体的比赛方式不是很熟悉，一开始表现并不出彩。一时间，网上贬低他的人很多，觉得他各方面都不如"矮大紧"高晓松，趁早下台得了。

可他对于网络上一边儿倒的评价总是无比淡然，没有辩解，没有懊恼，只有每一场比赛都像个学生一样，认真地倾听发言、记笔记、表达意见。慢慢地，他发挥得越来越好，直到达到令人惊艳的程度——他的每一句话都是深度思辨后的结果，时常颠覆观众的固有认知，引人深思许久。

其实，无论是在《奇葩说》的演讲过程中，还是在他平时的工作里，他都是一个极其不在乎输赢的人。

对于赚钱这件事，他也没有太多执念。创业过程中，他曾经果断叫停过好几个盈利极高的业务，原因只是他认为这种模式不符合他们最初的企业定位，不利于长久发展。可大多数商人，都会把公司一时的盈利视为成功的标准，并为了追求这份成功不择手段。

而罗振宇是怎么看待成败的呢？在《奇葩说》第四季最后一期，他在总结陈词中说到，人生会遇到很多打击和破碎，每一次破碎，他都会审视这个让自己破碎的东西，如果对自己有用，就把它放到自己的身体里，完成又一次重建。他把每一次的失败当作一次成长，当作能使他更加强大的机会。在他的世界里，失败不是结果，而是自我优化的一个环节。

他对自己、对公司都是坚守这个信条，不在结果中验证，只在过程中思辨。他以最高的要求对待过程，以最低的姿态面对成败。这种看淡结果、追求过程的态度，使他的认知和事业，都得到了高效提升。

其实，比赛的真正意义，就是在得与失、成与败中进行深切的自我认知，在一次次自我否定中，不断进行自我迭代与升级。

放下对成败本身的执着，才能跳出"越在乎越容易失去"的心理怪圈，让自己得到真正意义上的提升。

第四章

积极意识

先撕裂，后成长

请停止无效努力

你有没有过这样的困扰：

某天意识到自身能力的不足，前辈建议多读书，然而书读百卷却对提升能力毫无直接帮助。或者，突然间奋发图强，为了实现目标头悬梁锥刺股，结果却是收效甚微，百般苦力无甚用处。

如果不幸中枪，那么你很有可能走进了无效努力的陷阱。明明并不懒惰，付出了很多，却一直得不到意想之中的成果。其实，实现目标的关键不是努力，而是如何努力。倘若没有合理的方法和技巧，那么再多的努力，都是低效甚至无效的。

现在问题来了：我们该如何进行有效的努力呢？用一句话概括，就是将努力本质化、精准化、专注化并且动态化。具体是什么意思呢？

识别目标——将努力本质化

认清目标这件事，看上去很容易，但我们经常会不由自主地偷梁换柱，发生目标识别上的偏差。读书时，我们希望名列前茅，就把目标设定为排名跻身全班前五。其实这个目标并不合理，因为它对你的具体行动没有任何指导意义。

正确的目标应该是这个画风：每天读几个小时书，做几个小时习题，让你的目标脱去结果这层外衣，回归到过程的本质，将它落实到行动这个维度上。

同样，工作时，我们的目标不应是争取年末被评为优秀员工的结果，而是每天按时完成任务，每晚进行总结复盘，每周和同事交流经验这样的过程。减肥时，我们的目标不应是一个月瘦10斤的口号，而是将目标定为每天摄入1500大卡以内，跑5公里以上这样的实质化行动。

你的目标不是打败怪兽，而是促使自己装备升级，从而在战斗中所向披靡。一切流于表面的目标设定，都只是徒有其表的纸老虎；而回归本质的目标，才对努力具有指导意义。

拆解目标——将努力精准化

你也许会发现，即使我树立了升级装备的目标，还是无法落实到具体行动，从而达到理想的效果。就算坚持每天读5小时书，为什么还是没有考进班级前五？就算做到了每天完成工作并总结，我怎么还是没有搞定那个大项目？

仔细想想，虽然人们都说读书是提升实力的万全之策，但你知道自己该提升哪方面的能力吗？这方面能力的提升通过读书能实现吗？如果可以的话，要读什么类型的书，要如何配合相应的实践呢？如果你发现自己每个问题都摸不着头脑，那么这种努力就是愚蠢的、无效的。

所以，即使目标已经本质化了，它其实还是过于笼统：每一个目标都是多种技能的组合。所以在准确识别目标的基础上，我们还要对它进行进一步拆解。

譬如，你想参加今年的"中国新歌声"比赛，那么将这个目的本质化，就是坚持练习，以提升综合演唱能力。这还不够，综合演唱能力还分为节奏、音准、声线等歌唱技巧要素，以及感情、动作、台风等舞台表现要素。那么你具体需要提升哪一点呢？如果是音准不到位，用什么方法提升才最有效呢？明确了最佳方法之后，又该如何分配到每一天的计划当中呢？

将目标不断细化，直到它精准对焦到最小的量级。这时你就会发现，一切都变得逻辑清晰，容易处理多了。

实现目标——将努力专注化

将目标明确到具体行动之后，你就得大量重复练习了。在练习当中谨记一个原则：一次只抱有一个目的，根据已经细分化的目标，让努力变得专注化、纯粹化。

学习一篇美文，首先明确自己打算钻研它的哪一部分：是结构、选题、风格，还是文笔？如果注意力涣散，一会儿被文章的逻辑结构折服，一会儿又惊叹于华美的辞藻，同时关注太多信息，最后哪一项都学不到位。

最合理的学习模式，是一次只专注于一项内容，再经过反复练习加深理解，最后将无数小练习整合在一起，从而达到全面而系统的学习效果。

其实，我们每个人做过的语文试卷遵循的就是这个道理。一张完整的试卷，先要完成词汇、语病、断句、总结逻辑、理解文意等细分单元，最后才是系统化的练习环节——大作文。我们的学习过程亦是如此：老师会要求我们每次专注练习一个板块，直到高考的冲刺阶段，才会开始进行综合化练习。

越专注，越高效。学习一门技术，钻研一门学问，完成一项任务，无非也是同样的逻辑。

及时反馈——将努力动态化

没有谁可以一步到位。进步的过程，总要经过"尝试-反馈-调整-再尝试"这个模式。如果只是一味硬闯而不知道调节方向，结果只能是徒劳一场。就像做了题却不去寻求标准答案，那么就算狂刷十本练习册也是无效的。

　　准确的反馈包含主观和客观两个前提：合理的自我归因和成熟的评价标准。前者是自我驱使的内部机制，后者是衡量价值的外部体系。

　　首先，为了免受误导，我们尽量选择最合理的外部评判准则：比如高考的评分标准，比如职场的员工守则。在众多标准当中，总有一种是最权威、最值得信服的，比如听取行业翘楚的建议，一定比那些鱼龙混杂的公众号推文有用得多。

　　其次，根据合理的评分体系，主动发现差距，缩小差距。发现努力的方式不对，改；发现努力的节奏不对，改。在众多成功学的经验里，只有一条最可信，那就是不断试错。

　　努力的方向绝非一成不变，而是根据实践和结果之间的偏差，不断地进行调整。就像数学中的二分法，首先圈定一个区间，然后经过不断的调试，让区间的两个端点逐步迫近于函数的零点，从而求得精确的答案。同样，每一次做出新的决策，都要基于上一次决策错误的复盘，从而让努力的方式逐步趋于最佳途径，让等量的努力获得最大化的收益。

　　以上，就是我所认为最合理的努力姿态了。

　　比懒惰更可怕的是迷茫，而迷茫大多源自于无效努力。大竞争时代，让我们一起做个聪明的勤奋者。

拖延是因为太在乎完美

出发比完美重要

清代文学家彭端淑在《为学》一文中讲了一个故事。

四川有两个和尚，一个穷，一个富。穷和尚对富和尚说："我想去南海，你看如何？"

富和尚问："你靠什么去呢？"

穷和尚说："我靠一个水瓶和一个饭钵就够了。"

富和尚说："去南海来回好几千里，路上艰难险阻无数。我几年前就准备去的，但我还没有准备好充足的物资，所以计划就一直搁浅着。而你就凭一个水瓶和一个饭钵，还想去南海？"

可是第二年，穷和尚已经从南海回来了，富和尚还是没有做好他的准备工作。

富和尚为什么反倒去不成南海呢？他只想考虑得周全一点，

他有错吗？富和尚表示很委屈。

实际上，我们在生活中也常出现这种情况，好条件往往成了劣势，完美主义者有时反倒变成了落后者，我们引以为傲的东西，可能反而会成为制约我们前进的障碍。

因为觉得准备还不够充足，对心仪已久的工作，迟迟不去申请；因为觉得自己还不够帅气，对暗恋已久的女孩，始终没采取行动；因为觉得时机还不够成熟，所以发酵已久的梦想，进度也一直停留在0%。

总想着万事俱备，十全十美，很多事不敢干，很多路不敢走，最终连第一步都没踏出　你的期待就死在了计划里，最终导致梦想的支离破碎。

这，就是拖延症的症结所在。

走在大学校园里，恐怕每10个人中就有5个自认为是拖延症患者，5个中4个都是完美主义者。我们大概都有过这样的经历：开始着手写论文，希望用一个惊艳的开头吸引眼球，可无论怎么修改，瑕疵一直存在着，于是就不断地自我否定，等到截稿日期都快到了，还没有写出一个完美的开头，而文章主体仍然空空荡荡。

追求完美为什么反而成了弊端？

第一，执着于追求完美的过程中，往往会弱化我们的大局观。写论文时，我们过于关注于开头，却忘记了我们该做的是在有限的时间内形成完整的内容，而不是用精致的局部喧宾夺主。没有大局观的完美主义，自然就成了吹毛求疵。

第二，我们的内在认知和外在环境每天都在飞速更迭，永远不存在一成不变的完美计划。未来是不可预测的，前期的准备再充分，也会遇到很多不可控因素和未知事项。没有行动，就发现不了问题，也就无法形成可行的应对策略。

罗振宇曾说："如果一个错误的认知，能点燃一个人的希望，让他开始行动，放长远来看，其实是一件莫大的幸运。"

一个不完美的计划与开始，并不意味着得不到完美的结果。"兵来将挡，水来土掩"，没有绝对完美的布局，只有随机应变的策略。勇敢实践与积极行动，远比想象中的完美计划重要得多。

小目标比大志向更可靠

我身边（包括我自己）许多人患有拖延症。我将拖延症初步分为以下三种程度，各位可酌情体察自身的拖延症：

拖延症初期：因为事情没完成产生挫败感，变得焦虑且慌乱。但工作还得完成，只好通宵赶赶。

拖延症中期：为了逃避焦虑感，采取分散注意力法，如暴食、玩游戏，从而暂时忘却烦恼。然而暂时的欢乐又将引发更多的拖延，如此不断恶性循环。

拖延症晚期：养成迷茫和不自信的人格，对任何事情都没有信心甚至没有兴趣。多一事不如少一事，没有喜怒没有动力，趋于"脱尘绝世"。

总之不论是哪一种，拖延症的起因都是没完成任务形成的实际影响和心理阴影，而症状的加深是多个没完成的复利式积累。

没完成的原因很多：缺乏意志力，效率低下，工作模式不合理等。没有在该开始的时间开始，没有达到该达到的效率，最终导致了没有在该完成的时间完成。一次任务的延时完成，很有可能干扰到下一项任务；多个任务没有及时完成，人的心里就可能产生挫败感，甚至加剧"病情"，使人失去斗志。

为了治疗拖延症，我们必须要先着手做一件事，目的仅仅是为了完成。

拖延症从产生到治疗就是意志力摧毁与重建的过程。

如何重建？秘诀就是：每天制定一个可行的计划，然后按计划做事，不拖延、不超时，不必过于照顾质量，只要顺利完成。

具体方案如下：

第一，定明确时间。

没有安排明确时间的计划就是空谈。否则，哪怕你一天给自己安排了八件事，但因为没有分配每件事的时长，很有可能到了深夜，第一件事还没做完。

在治疗拖延症初期，给每一项任务分配的时间，宁多勿少。完成任务只是一方面，更重要的是，给自己形成一个积极的反馈机制——如果第一项任务按时完成了，那么第二项任务按时完成的概率也会提高。

还有一个技巧，就是给一项具体的任务安排固定的时间，以增强仪式感。例如每天晚上8点是固定的写作时间，在这之前，可以先放一首喜欢的音乐，让心灵归于平静；或者闭目冥想，体味一下大赛开始前的肃然。这样做，可以给自己内心一些要集中精力、抛掉杂念的心理暗示，长久坚持会形成条件反射，每到接近8点，就会自然地静下心来，精力开始集中。

第二，对大型工作进行拆分。

对于较难做的事情，有一个很高效的方法，就是将工作计划尽量划分得很小，小到没法抵制、没法拖延，小到不需要用意志力去强迫自己做这件事。

这个策略的有效性，体现在拖延症不容易对工作产生抵触心理，可执行率高，避免拖延症患者的抗拒感。而且，每当一件小事完成了，我们就会下意识地挑战自己，希望下一次用同等的时间做更多的事。慢慢地，任务就会以递增的效率被完成。

利用及时完成的任务形成工作闭环。

这个工作的闭环，由开始和结束两个触点构成。从开始到结束这个环节，以及从结束到开始这个环节，分别有一个促进完成的妙计。

从开始到结束：为计划安排明确的截止时间。这有助于我们在截止时间迫近前加快自己的速度，就像长跑最后的冲刺一般，利用紧迫感增加工作效率，加快从开始到结束的步伐。

从结束到开始：按时完成工作后，给自己一定的鼓励。对自己说句"你真棒"也好，吃一顿美食也罢，这样做可以给自己制造一种如释重负的轻松感和成就感，给予自己积极的心理暗示，渐渐让工作变成愿意主动去做的事。这样，每一次结束之后，都会期待下一次的开始。

这样，每个小计划的开始和结束就形成了一个小闭环。通过这个闭环，我们不仅能一项接着一项完成工作，更能完成一次与拖延抗争、高效做事的心理重构——经过自己一次次按计划完成计划，不断加强心理上的自我认可，对于下一次计划的完成，又能起到良好的鼓励促进作用。

每天的一小步，就是未来的一大步。在小步前进的过程中，自信心、意志力也会不断得到恢复与提升。

拖延症与意志力是天生的敌人，二者此消彼长。所以当意志力强大的时候，拖延症就会变得弱小。

第三，20%比80%重要。

我们有时会因身处繁杂的困境而变得拖延，其实这并非是自身的心理原因，而是因为工作实在是太多了！堆积成山的任务量，让人无从下手，结果时间就在我们选择到底该优先处理哪一件的时候流逝了。

到底应该如何分配100件工作的先后顺序和时间配比呢？

"二八原则"告诉我们，工作中20%的事，具有80%的重要性。例如，周末计划中包括备考、修水管、看电影、读书、跑步几件事，很明显，备考是其中最紧要的一项。那么我们就应该把大部分时间分配在复习考试上，其他几项安排较短的时间，或者干脆不去做。

在时间分配上，我们也应该按照"二八原则"分出轻重缓急。

集中80%的主要精力，处理那20%的重要事情；而那80%不太重要的事，就可以在时间表上稍微往后顺延一下，稍后再找时间去完成。只有加强自己对工作的宏观掌控，才能在处理每一件具体事务时高效明确，做到心中有数。

第四，动态比静态更有效。

我们经常会高估一个完美计划的作用，也会低估趁早出发的重要性。

但尽快行动并不意味着莽莽撞撞，而是在不断尝试的过程中，动态地修改自己最初的计划，让它更贴合目前的状态与进度。

我有一些朋友很忌讳做计划列表。因为一旦有一项任务没有完成，就会影响接下来的几项任务开展，这样会给自己带来一定的心理压力，降低效率。但事实上，一份灵活的计划可以大大提升工作完成度。这就要求我们边工作边思考，不断寻求更完善的方案。

所以，治愈拖延症的关键，在于付诸行动；而令行动臻于完美的关键，在于不断思考。

行动与思考，二者缺一不可。没了行动，思考就会成为空想，就会在犹疑不决间持续拖延；没了思考，行动就会鲁莽，即使按时完成，工作质量也不能尽如人意。

行动是为了在实践中发现问题，去实现原有的计划；思考是为了在问题中找到答案，以修正原有的计划。

总之，思考与行动，分别是不完美与拖延症的治愈剂。

与习惯做朋友

俄罗斯有一部谍战片，叫《春天里的17个瞬间》。片子里，俄罗斯军队派了一个14岁的女间谍潜伏到德国，并为她伪造了一个在德国村庄出生长大的身份。

这个女孩从小进行间谍训练，连说话都带有德国当地的口音。所以，当她后来打进德国党卫军情报部门，工作多年后都没有受到过任何怀疑，甚至还在当地结了婚。

但她还是在无意间暴露了身份。生孩子的时候，她不由自主地痛苦大叫，而她喊叫的时候，用的正是她的母语：俄语。

这是因为，当人处于极端痛苦、难以忍受的情况下，思维无法制约自己的下意识行为。所以，潜伏在这个女间谍身体里的习惯就流露了出来。

习惯是你的猪队友

我们有很多举动，由于经常重复，慢慢进入了我们大脑的另外一个区块，它会在我们都还没有意识到的时候，偷偷指导我们的行为。这就是习惯。

据专家分析，这种无意识下的行为习惯，在人类正常生活当中的比例高达40%，它总是通过最底层的驱动力，在我们毫无防备的情况下表达出来，又极大程度上影响着我们的生活。

我们的言谈举止、性格气质，以及为人处世的方式，实际上都是在每天的日常起居、衣食住行当中，日积月累而形成的习惯。习惯的力量是巨大的。一旦一个习惯形成，那么它就会在我们的大脑里根深蒂固，很难被驱逐出境。

所以，相比于提防别人，更难的是提防自己。敌人的袭击是明刀，而自己的习惯是暗箭，不知不觉间就会出卖自己，干扰自己。

习惯是一面镜子，它无限地忠实于我们，又无限细致地记录着我们的一言一行。一个习惯可能会跟随我们一生，所以为了克服习惯的负面作用，我们必须谨言慎行。

习惯是更能坚持的朋友

当扶梯向下运动时，我们逆行而上会非常费力；而当电梯本身向上运行时，我们毫不费力就能抵达终点。

习惯，就是我们所在的电梯。当它与我们前进的方向同步时，我们就可以不费力气到达终点；但当我们与习惯不同步时，哪怕拼尽全力也只能事倍功半。

我们对于努力的理解经常会陷入一个误区——认为只有拼命努力的事情才是花费了心血和功夫的，才能真正对得起自己。但实际上，我们只是花了很多无谓的精力与自己的习惯做斗争，而真正用于重要事情的精力，反倒被浪费掉很多。

如果耗费精力与自己的朋友做斗争，就是无谓的内耗。而让习惯这个朋友与自己同步，才能拥有最高的效率——爬上行的扶梯总比爬静止的楼梯更快。

习惯这个朋友还有一个特点：它比我们的反应更加延迟。当你决定早睡早起，到了该睡觉的时间，习惯还会沿袭着过去的作息让你难以入眠。当你决心全神贯注投入到手头的工作中，时常走神的习惯还会持续干扰你，让你效率变慢。

习惯比你自己更忠实于你。你已经开始改变了，而习惯还落后好几拍，停留在早先的位置。习惯是一个慢热的朋友。当你学到一个新事物时，它需要经历一个慢慢熟悉的过程；而当你换了另一个新事物时，它还会延续原来的情境。

为了避免内耗，我们需要通过建立心理预设来减轻每天用于克服不理想状态的意志力，让习惯从阻力变为最好的助力，如此才能够达到最高的工作效率。

习惯是可以感化的朋友

怎么培养好的习惯，让它为我们的前行助力呢？

行为心理学中，人们把一个人的新习惯或理念的形成并得以巩固至少需要21天的现象，称之为"21天效应"。

也就是说，一个人将自己的动作或想法重复21天就会变成一个习惯。

"21天效应"分为如下阶段：

第一阶段，1-7天左右。

此阶段表现为刻意、不自然。我们需要十分刻意地提醒自己，并花费较大力气抵抗原有习惯的阻力，所以有时候感觉费了很大工夫却没有太大进展。这个阶段，学习与工作也会难见效果。当新事物引起原有习惯不适时，会引起潜意识中的自我保护，本能地进行选择性遗忘。

就比如，我们艰难地背英语单词，潜意识会感应到我们的不适与痛苦，出于对自身的保护，会帮助大脑去遗忘这个引起痛苦的相关事物——单词。

我们一边痛苦地学，潜意识一边无情地促进遗忘。

而产生新习惯的过程，就是表面的我与内在的我进行斗争的过程。但当我们学习的速度大于遗忘的速度，我们就可以跑赢旧习惯，占据上风。

第二阶段，7-21天左右。

此阶段表现为刻意、自然。我们仍需要刻意地用意识去控制，也需要花费心力与自己内在的阻力去博弈，这阶段事情已经有了一点儿进展，对自信心是一个有力的鼓舞。

在新习惯建立过程中，我们需要花一部分时间与自己的旧习惯抗衡，成效自然会比较低。但这破而后立的过程虽然很艰难，进展甚微，却是极其重要、必不可少的一环。此时的痛苦与自律，将决定未来的你可以多轻松、多简单。

而在21天之后，我们就会进入不经意、自然的阶段。此时无须意识控制，就可以用最小的力来做最多的事。

战胜了潜意识，度过了痛苦期，当我们到达习惯点之后，相反的事情开始发生了——原来抗拒的事情变成了想去做的事情，甚至不做就浑身难受。这样，潜意识就会接收到正面回馈，会支持我们的主观意愿去做事。当行动方向与潜意识结为同向的伙伴时，做事就会如同如鱼得水一般。

习惯性的学习和提升是一种复利式的成长。克服最初懒惰的惯性之后，剩下的事情，就是每天被强大的助力推动着完成目标。而这一天的进步，又会对第二天产生良好的催化效果，日复一日的反复练习和持续提升中，新的习惯模式也在不断进行自我完善。

每一天都在前一天的基础上继续完善，最好的模式永远在明天。这种无阻力前进的习惯形成，带动人不由自主地进入上升期。

坚持是习惯最好的朋友。两者目标一致时，就会彼此扶持相互促进，促使我们进入前进的快车道。

习惯是需要了解的朋友

我们该如何制订一个计划，养成一个习惯？建立一个高效可行的习惯养成模式的前提，在于对习惯本身的充分了解，即自我认知。

第一，认清自己能力，不要太高估自己。

"爬得越高，摔得越狠"，计划之初，一定要懂得量力而行。

在与旧习惯——自我保护机制最初的斗争中，人的意志力有一定的限度，一旦超过这个限度，意志力就会选择性放弃甚至是崩溃。

例如很多人在减肥初期，给自己定下了超人般的标准：一天只摄入1000卡路里的热量，还有至少运动三小时。结果往往是没过一星期就意志力崩溃，缴械投降了。

有效的策略是，在初期制订一个可以轻易达成的标准，然后每天增加一点难度，不让自己因感到负担过重而增加失败概率，而是应该循序渐进地养成节食健身的习惯。

养成习惯后，不需要动用太多的意志力就能轻而易举地催促自己去健身房了。这就是习惯的力量。

第二，看不到成效也要坚持。

　　"21天效应"也告诉我们，虽然习惯可以在我们的坚持和耐心下改变，但这段漫长的时间，几乎都是痛并无效着的。

　　看不到反馈的努力最让人崩溃，但是，最初的坚持越不适越痛苦，养成好习惯后的改变就越显著。我们需要忘却短暂的不可得，才能换取长久的收获。

　　无论做什么，方向要明确，内心要执着。否则，我们前期投入的成本就会付之东流，还会对下一次的习惯养成造成巨大阻力，例如减肥总是失败的人，已经慢慢失去减肥的信心了。这样，我们永远走不出21天。

　　第三，不断强化新习惯。

　　即使一个新习惯形成，我们也没法把旧习惯从脑海里连根拔除，只能用新的习惯去掩盖它。但是旧习惯并没有离开，它只是被暂时挡住了。

　　如果没有不断去强化新习惯，旧习惯就会在人主观机能较弱、整体状态不佳的时候突然冒出来。就像情绪崩溃时的暴饮暴食，压力过大时的酗酒放纵。这也是为什么我们要反复强化不断地固化新习惯，以增强对旧习惯的制衡。

　　第四，选择目标时，尽量选择自己喜欢的。

　　为不感兴趣的事情斗争会增加内心的痛苦感，使自己处于劣势。而借用感兴趣的事养成习惯，会加强满足感，使抗衡旧习惯的痛苦感削弱，这样就可以节省21天阶段内与反势斗争的能量及意志，增加习惯成功养成的概率。

在习惯养成后，再用新习惯去完成些不那么感兴趣的事情，不失为一个有效策略。

例如热爱代码的"码农"，如果发现自己因专注力不够，导致做任何工作都效率低下，那么他完全可以先借用编程这个活动养成专注的习惯，再用这个习惯去完成其他工作。例如写稿，如果一开始就让他在写稿时锻炼专注力，恐怕对他来说过于煎熬，成功率也不会太高。

习惯是与我们终生相随的伙伴。如何掌控并利用好它，如何与它成为并肩作战的战友，需要智慧和技巧。虽然驯化它是个难题，但一旦你将它转化为你自己的助力，那么做任何事情都将变得轻而易举、事半功倍。

没套路的人生才精彩

有一个广为流传的网络笑话：昨天去买烟，买了包20块的，给了老板50块，找了我40块，我装作不知道，装兜里就走了，没走多远老板喊我："你的烟没拿！"我流下了感动的泪水，拿出10块钱给老板："你多找了我10块。"老板也流下了感动的泪水："小伙子，把烟拿来，我给你换一包真烟。"抽着老板新换给我的烟，那纯正的味道不禁再次感动了我："老板，把刚才那张50元的拿来，我给你换一张真的吧！"老板接过那50元也再次感动："小伙子，把刚才找你的钱给我，我也给你换了。"接过老板重新找我的钱，我也再次感动，从口袋里拿出一部手机："老板，手机还给你吧。"老板热泪盈眶，颤抖着掏出一个钱包："小伙子，钱包还给你。"

生活处处是套路

考试面试有套路，搭讪相亲有套路，求人办事也有套路。这个时代满满都是套路，上面的笑话就反映了套路一层高过一层，深不可测的一面。

套路可以理解为从生活中精心总结出来的，能有效应对特定事件的经验规律或者是方式方法。它们之中有些太好用了，以至于被写到了某些书本当中，成了非常正式的方法论。

套路是怎么产生的？

历史上，每个行业，或者说生活中的每个方面，都要经历发展的过程。早踏入这个领域的人，通过不断地积累经验教训，形成了自己的一套方法论，就成了该领域的前辈。新踏入这个领域的人很傻很天真，在不断地被套路后，也学会了用套路去对待后来的人。

世上本没有这么多套路，但随着社会竞争愈发激烈以及信息流通性不断增强，越来越多的套路被创造、传播，形成了当今套路无处不在的局面。

在激烈的竞争环境下，人人都想快速、高效、低风险地解决问题而不被淘汰，那些前人总结的有效、妥当的经验规律、方式方法——套路，正好符合这些特性，于是备受追捧。而一旦某种套路被证实有效可行，则会在社交网络上快速地传播开来。套路者炫耀战绩，被套路者哭诉经历，围观者感叹创意。

世界总是发展的，说不定今后套路还会越来越多，越来越深。

从小麦到老油条

前人留下的经验都是经过实践检验过的，无疑是最具有参考价值的。

鉴于套路解决问题通常具有快速、高效、低风险的特点，人们对套路抱有崇拜之情，遇到经验丰富的人，往往会立即上前讨教经验，以便使自己的未来少走弯路。

当然，套路的负面性也不容忽视。开头的笑话，两个主角的套路都很深，让人完全猜不到后续的情节。生活中，每人都有过被套路伤害过的经历，想起来都是一把辛酸泪。

然而，很多时候，人是复杂的，有种矛盾焦灼的心理：一方面我们不喜欢被人套路，一方面我们又忍不住想用套路。套路成了那个你可能刚开始不太喜欢，却不得不接受，最后自己也使得挺尽兴的东西。市面上到处都是这样的方法论——"职场必知十大法则""教你如何管理人脉"等数不胜数。

套路成了一种以经验为基础的低风险的实用主义。懂套路、按套路出牌，可以有效降低甚至规避风险，这明显具有保守性、功利性。一旦走进了套路，尝到了说该说的话、做该做的事的好处后，就会沉浸在这样的模式里，变成曾经自己讨厌的人，难以走出去。

小麦成熟了，被磨成了面粉；面粉加了水，就变成了面团；面团下了锅，就变成了油条；油条炸久了，自然就变成了老油条。老油条又会时不时地，怀念起当初在麦田里随风摇摆的时光。

做一个套路终结者

"不按套路出牌"这句话，正慢慢从贬义变成褒义。

里约奥运会上，习惯了被套路采访的记者，面对傅园慧这样的采访对象，内心也是崩溃的。傅园慧面对镜头时，自由地表达想法和感受，放松地面对社会舆论。这种打破套路、表达自己真实内心的行事风格，是大多荧屏偶像想做但做不到的。

相反，盲目追寻别人总结的套路，很可能会扭曲自己行动的初衷。听了很多求职应聘的套路，于是去社团挤破头担个职位，力求给自己的简历加上一条领导力。又去担当义工志愿者，证明自己符合企业所要求的关爱社会。

担任社团职务、参加志愿者活动这些行为是值得赞扬的，但如果是为了给自己的简历加分，为了别人说"该这么做"而这么做，那就彻底变味了。身边这些"该这么做""这么做才对"的声音，实在太多。

"条条道路通罗马"，但你想去的，真的是罗马吗？

套路是前人的，但未来的路是自己的。遵从套路，保守拘谨，一直活在别人的影子里。做一件事前，心里想一想，是按照别人告诉我的该这么做，还是遵从自己的本心去做。

做一个套路终结者。既然年轻，为何不打破约束，开辟独特的道路，活出自身的个性。

当初的小麦时代，在风中你都想过什么呢？

如何时刻保持积极

如果用一句话形容大部分大学生的日常，大概就是"春困秋乏夏打盹，睡不醒的冬三月"。对什么都提不起兴致，做什么都坚持不了三天，虚软的口号只能带来一时的振奋，随后又坠入绵长的怠惰。总有零碎小事瓜分着完整的一天，时间就像海绵里的水，不知不觉间，就被吸收得所剩无几了。

回想条件艰苦的高中时代，日程表永远满满当当的，每一分钟时间都无比珍惜。进入环境舒适的大学之后，反而容易荒废时光。越是自由，我们竟然变得越是颓丧了。

由此，我开始思索精神状态对生活状态的影响。如何在缺乏监管的大学里进行高效的自我管理？如何在充分自主的情况下，平衡好学业、社交、工作和娱乐？如何避免一个人的时候陷入消极情绪？如何元气满满地生活，给自己最饱满的精神状态？

抵制消极情绪——置入环境法

没有班级制度也没有六人宿舍，独来独往的大学生活很容易推着人走进目光涣散、表情呆滞的抑郁状态。窝在床上没人督促，干脆再刷一小时朋友圈；没人陪伴又懒得出门，干脆就不吃晚饭；去健身却缺少动力，最后还是没有动身……无处依赖的无力感，最终演变为日渐麻木的自我沉沦。

应对这种情绪的最佳措施，就是把自己强行置入一个热闹的大环境，让自己感受被关注、被对比、被监督的压力，从而激发出与人相处的热情，调动自身的情绪与状态，从而发动引擎开始元气满满的生活。

比如，没有动力学习，就跑到人最多的自习室，看到大家都在努力，自己也就不好意思继续玩手机了。跟闺蜜约好一起运动，即使"懒癌"发作，还有闺蜜可以把自己拖进健身房。心情消沉的时候，就和好友们约一顿饭，让八卦和笑话将自己从消沉的状态中拉出来，唤醒欢腾雀跃的心情。

提供持续动力——利益驱动法

驴子眼前挂胡萝卜，诠释了一种看似愚蠢，却像永动机一般的零成本正收益的驱动机制。而金钱，正是我不想恋爱只想发财的年轻一代眼中最具诱惑力和驱动力的存在。

由此，我构思了一个和驴吃萝卜有异曲同工之妙的利益驱动机制：跟朋友约定，谁玩的时候就拿手机，给对方发个红包。为了捍卫自己的钱包，你俩就会不约而同一起遏制住玩心。

当你面对其他难以攻克的难题时，你可以先将其分解成几个小步骤，每完成一个小步骤，就奖励一下自己。学习一整天你难以超越学霸，读完了这本书你也不能成为王小波，但至少你可以奖励自己喝一杯奶茶。

所以，对于暂时看不到成效的努力，可以人为赋予其一种成效的意义，将其转变为看得到的努力成果。而这种自我勉励机制，会在无形之中为你产生源源不断的动力。

排除外在干扰——兴趣转移法

爱迪生的名言应用于今天，大概如此："成功就是百分之一的灵感加百分之九十九的远离手机。"

学习效率深受手机影响，却又做不到彻底与它告别。要怎样才能在保持心情欢畅的前提下，尽量少浪费时间呢？

我问自己，做什么事情得到的愉悦感堪比玩手机？仔细想想，好像只有读书带来的愉悦感可以与之相提并论。

于是，我把随身携带的手机换为kindle看电子书，吃饭学习寸步不离。每次学习，想玩手机的时候，就打开电子书看一会儿，看腻了再继续学习。原本用来刷朋友圈的时间，如果全部投入到读书当中，一年之后肯定会有明显的差异产生。但是，我获得的快感却并未因此而降低。

这种转移注意力的方法适用于各个场景。在面对高热量美食的诱惑时，问问自己，有没有什么健康的食物可以给自己带来同样的满足感。如果有，大可不必摄入多余的能量。如此一来，既不至于因摒弃欲望而过于痛苦，也可以使自己的身体更加健康，更有动力。

随着自己的成长，我越来越感觉到，每个人的世界都是彼此独立而且无甚交集。各自生活在各自的世界里，不过就是一场独自的修行。很多人在踽踽独行时会感到寂寞，甚至发展为抑郁。这个时候，就需要管理并调动自己的情绪，让生活的效益达到最大。

先撕裂，再成长

去年，我们有幸拜见了某知名自媒体人 S 叔。仅用短短两年时间，他就将自己的公众号提升到了百万用户的量级，创造出了在职场圈有着巨大影响力的个人品牌，从金融大叔摇身一变为网红男神。

当时，他说了一句话，我印象特别深刻：在这个时代，每个人都需要撕裂式成长。

我感同身受。互联网，这个让世界加速运转的引擎，正在向社会注入源源不断的活力，激发出层出不穷的创意。互联网时代意味着无数的机遇、不尽的财富、越来越狂野的风险巨浪，以及越来越大的阶级流动的可能性。

这是一个快到飞起的时代。如果你的大脑和身体跟不上当下这辆磁悬浮列车的节奏，而还是将思维停留在二十世纪八十年代的绿皮火车上，那么你注定一次次与风口擦肩而过，难以借势崛起了。要想不被甩下，就必须经历一次指数般的撕裂式成长。

撕裂，痛苦却有效

前面提过，在十六岁那年，我完成了一件令自己沾沾自喜的事：在一个暑假内从年级几百名逆袭到清北线。

我的成绩长期原本处在年级中等的位置，却梦想着顶级学霸才能进入的清华建筑系。当时就要开始的那个暑假，对我来说，即将成为我人生中最重要的暑假。

为了迎接那个意义非凡的暑假，我做了两件事。

第一，断网禁欲。拆掉路由器，封锁娱乐产品，将桌台收拾得一干二净，不留任何让我浮想联翩的物品。学习的时候，关掉手机并塞进老妈的包里，严禁家长将美食送入房间，不受外界丝毫干扰，清除所有杂念，全神贯注投入到书本之中。

第二，安排计划，严格执行。把所有要复习的知识列在一张纸上，将任务粗略地分配到每天。执行计划的时候，只专注过程，不强求结果，没有按时完成的任务立刻放下并开始下一项。每到临睡前，整理内容，复盘总结。

总而言之，就是先破后立，而后勇往直前。

就这样，我闭门不出度过了一整个暑假。当然，有时也会感到压力倒在床上缩成一团偷偷流泪，甚至情绪崩溃；有时看到自己怎么也搞不懂的知识点，别人轻而易举就能解出来，自卑到怀疑人生；有时也会无缘无故地失眠，透过半合的眼睑，看窗外的天色一点点从墨蓝变成橘红……

但我至今还记得，那道怎么都答不完美的题，我疯狂地抄写了50遍答案；那些背不下来的古诗词被我输入到了手机中，晚上睡不着的时候就反复地听；为了调节情绪，每天早起的时候我会去学校空无一人的操场上跑圈，谁承想后来竟然爱上了这种孤军奋战的感觉。

我能真切地感觉到，自己的大脑正在一天天变得机敏，知识体系一天天变得完善，思路一天天变得清晰，做题越来越轻车熟路，写作越来越行云流水——就像一个减肥的胖子慢慢能摸出锁骨的形状，我对自己可见可感的进步感到无比惊喜。

正如健身过程中，只有先撕裂肌纤维，肌肉才能在恢复期慢慢增长。学习也是这样，只有先咬紧牙关撑过那一段最煎熬的时光，才能渐入佳境，见证汗水后的辉煌。

更短更强

实际上，这种大幅度的飞跃不过只持续了一个暑假。此后高三一整年，我按部就班地跟着大部队走。虽然也付出了不少努力，但成绩也只不过是在小范围内上下浮动，没有再大幅提升。

为什么会这样？

诺贝尔经济学奖得主西蒙教授在他的"锥形学习法"中提出，掌握一门学科所用的时间越短，学习质量就越高，对知识的理解也越深。也就是说，在短期连续的时间内，学习越专注，精力越集中，知识越浓缩，学习效果往往越佳。持续的推动力施加于集中的一点，在锥尖处产生强势的压强，锥子方能锋芒毕露，势如破竹。

高三那一年虽然也辛苦，但我没有再像暑假那样进行持续而专注地浓缩式学习，只是每天完成老师指定的任务而已。这些努力，只能让我做到不掉队，绝不可能让我一下子冲到队首。

如今时尚界宣扬"简约不简单""更短更强"，即用简约的搭配营造高级感。在学习过程中亦有"更短更强"：一个月的快马加鞭，要远胜于一年的走走停停。

你看，"三天打鱼两天晒网"的效果甚至不如"一天打鱼"非连续性的努力，带来的复利和能力的爆发，也达不到撕裂式成长。

撕裂的实质是"思裂"

短期不意味着立竿见影，撕裂式成长也并非意味着瞬间的成果。养成一个好习惯至少需要21天，我的高三暑期复习计划持续了两个月，就连各种速成班也没有哪个短于一周。那么撕裂这个动词的力度和瞬间感，究竟体现在何处？

坚持虽然是一项耗时的投资，下定决心却是一念之间的事。要想实现撕裂式成长，首先要开启一场"思裂"的风暴——头脑的撕裂，要先于行动的撕裂。

我曾经是个畏首畏尾的小姑娘，做什么事都要踟蹰许久，怕失败，怕丢脸，怕希望落空。不知道从哪天开始，我开始刻意突破舒适圈，做一些跟主观意念相违的事儿。比如逼自己离开温暖的被窝，比如冷漠地推开诱人的炸鸡，比如厚着脸皮自我推销，比如潜水、露营、拍微电影、开公众号……

不知不觉间，我竟然变得敢于尝试、热爱冒险、善于坚持，从三分钟热度化成十分钟，再到形成固定习惯。

我发现，大脑中某个觉写点一旦被激活，就会发生一系列行为上的转折，最终引领能力和心智上的突飞猛进。

一天之内虽然不能形成一个习惯，但可以树立一个意识。你也许做不到一天跑 5000 米、背 50 个单词、读 100 页书，但你可以让自己知道什么是有益且该做的事，并强迫自己为之行动起来。例如，每天多跑 100 米，多背 5 个单词，多看 10 页书，少吃一口肉，早睡五分钟。坚持三天，相信我，你一定会爱上这种感觉的。

撕裂式成长，始于下决心，胜于行动，久于意志。

第五章

有效决策

量化世界，让选择更完美

好的选择，从大学开始

上大学后，除了被问"你读的什么专业？"之外，"毕业后想干什么？"算得上是出镜率第二高的问题了，相比第一个问题，第二个难回答一万倍。

从高中到大学的转变

每每想起高中的点点滴滴，甚是怀念。一放寒暑假就期盼同学会，期盼再次聚在同一个教室，为同一个目标而奋斗努力。

这也是高中生活与大学生活最大的不同之处。

高中时期，虽然大家云路不同，但目标大都很明确，或参加高考，或参与竞赛，或出国。准备高考的人上知天文下知地理，除了三角函数还有三年模拟；准备参与竞赛的人深潜在大学知识的海洋，对各大教材、教授、出版社早已耳熟能详；准备出国的人背单词考托福，练就流利口语，写好亮眼文书，踏上出国之路。

因为目标明确，再加上学校、老师等外部因素的系统性安排，我们很容易就会朝着心中的目标全力以赴。虽说有时没有深入想过究竟为什么要这么做，但这并无大碍，至少不会浪费时间纠结于我接下来该做什么。

相反，大学则是完全不同的环境。

总体而言，大学相比高中，整个氛围更加自由，生活更加多元，选择更加多样。

但这些多样的选择，有时使得我们不能明确自己的目标——究竟是专心学术还是去体验生活？若在大学时还完全沉浸在课本里，则缺失了大学的意义；若完全投入到生活娱乐中，则考试那一周难免会慌张不安。

将这样的疑虑延伸到毕业，就成了毕业后是读研还是工作的抉择。

提早规划，不只节省一两年

毕业后，有两条路摆在你面前。

虽说毕业后大致是工作、学习二选一，但这两条路还可以详细细分。

第一，工作。

若选择工作，那可以细分到各个行业、各个公司，还可以细分到不同的部门，每个部门又有不同岗位，算下来真是有千千万万种的选择。

第二，读研。

若选择读研，那可以分为国内和国外，再细分到学校、学院、专业。

总之这样算下来，未来的选择太多太多了，四年大学时光看似很长，实则转瞬即过。临近大学最后一年才开始考虑这个问题，很多事情已经为时已晚。比如查看职位要求时，发现自己竟还未通过英语水平考试；在查看申研要求时，发现自己的GPA（平均学分绩点）还未达标。

但由于专业考试定期才举办一次，GPA也不是一两周就能更新，因此，真若到了大四才发觉这些问题，会失去很多原本可以获得的绝佳机会。

金融学入门课中就会提到货币的时间价值的概念，也就是今天的100块钱比明天的100块钱更宝贵，阐述了货币在不同时间的价值不同。实际上我们可以替换一下，得到货币的时间价值的概念，也就是说时间本身在不同时刻，其价值也是不同的。很简单的例子就是，考试开始前1小时的时间肯定比考前一个月的1小时更宝贵，你会抓紧时间再过一遍知识点弥补漏洞。考试结束前的60秒也远比考试刚开始的60秒更宝贵，利用这最后60

秒填机读卡就能一下捡回几十分。在截止日期之前，我们总是想再多一会儿时间。

大学也是如此。GPA不够高，证书还未考，心愿终未了，想着即将踏入朝九晚五的工作，可能会感叹要是再有一年大学生活就好了。

大二大三即可做好规划，明确自己的目标。从长远来看，早规划，节省的不只是一两年。由于复利效应，人的发展水平是越来越快的，大二做好规划的同学，与大四做好规划的同学，即使发展水平轨迹相同，但由于提早了两年，因此两者之间的差距在毕业后会愈发明显，越来越大。这也是常说的"一步领先，步步领先"。

总之，大学四年，应当在有准备、有规划的前提下自信从容地度过，而非慌慌张张摸不清方向，毕业后获得一个将就。

如何规划

在投行，经常会听到一种说法——想进投行，如果大二还不准备，那就不用准备了。

事实上确实如此，因为很多投行都会将全职录用通知发给大三的暑期实习生，而这些暑期实习生的招聘多是在大三上学期。面试官会重点参考申请者大二暑假的实习经历，而大二暑假的实习机会又是由大二一年的努力换来的。并且大三上学期的申请流程中的笔试题目、面试技巧等，都需要提前准备。

除了工作，申研也是如此。曾听过一位学长的经历，他大四的时候想申研，需要参考GPA，但由于自己大三出去交换了一整年，交换学校的GPA不会详细显示在成绩单上，最后申研时参考的GPA就是大一大二的GPA。

因此，感觉上毕业后的事情离我们还很遥远，但实际上已迫在眉睫。

当然，也不是说一进大学就要明确自己的最终目标并全力以赴，还是那句话——目的性太强的旅途会错过很多美好的风景。我们大可以用科学探究的方法来尝试规划大学四年，即观察现象、提出假设、设计并进行实验、得出结论。

第一，观察现象。

用大一的时间，广泛体验大学生活的方方面面，无论是专业学习、社团活动，还是恋爱、旅游，再或者是文学与艺术、科技与工程、商业与金融，都可以去涉猎尝试。这也是大学教育的核心——通识，即培养学生批判性独立思考的能力，并为终身学习打下基础。

第二，提出假设。

在这全面的发展过程中，大约在大一结束时，你会逐渐形成自身的价值观，慢慢发掘自身的兴趣所在，了解自身的优势劣势、性格类型等，这些都是该阶段的一些总结。渐渐地，你会缩小自己的兴趣圈，明白自己喜欢做什么，将来想要成为什么样的人，假设性地规划自己未来发展道路。

第三，设计并进行试验。

按照上一步规划的道路，从大二开始，你可以将更多的时间和精力投入规划的领域，去体验更深层次的活动。选择学术，则可以深度学习教材，关注相关期刊的动态，与老师多加交流；选择会计，可以多关注最新行业规则，考取相关证书；选择科技，可以关注AI，自己做一些有趣的小项目；选择风险投资或私募股权投资，则可以关注中国的创业市场，例如当下热门的共享单车市场及融资案例，参加全国峰会，研读专业报告等。

第四，得出结论。

至此，大学方过两年。经过上述对自身假设的切身实践，你便能够看清自己到底是否真的热爱这样的选择。若是，则可以得出肯定的结论，并坚持下去；若不是，则可以修改，做出调整，重复一遍上述探究流程。

除此之外，在进行未来规划探究的过程中，与外部的交流也很重要。老师、家长、学长、学姐都是过来人，可以向他们寻求建议。周围同学也可能像你一样进行着实验，他们的结论、经验也具有非常宝贵的参考价值。

未来总是不确定的，除了规划之外，很多事情都可以用这种观察现象、提出假设、设计并进行实验、得出结论的模式去分析。多次重复后，结论就会变得更加肯定。

这就是大学规划的过程。

毕业后想干什么？可以通过观察、假设、尝试，来慢慢缩小自己的选择圈，并往这个渐渐清晰的大方向发展，培养该领域的专项实力，目标也就清晰明了，剩下的就是努力。不管目标有多远，只要自己坚定并且有源源不断的动力去执行，就终将会到达。

成熟老司机的选择

到大学，尤其是大二的时候，我发现身边同学都不约而同陷入了迷茫期。

学业、生活、情感、未来发展等各方面的疑惑会在此时集中出现。是当一个高GPA的学霸还是尽情体验生活？学业和爱情是否可以双丰收？十年后我在哪里？在做什么？

我们都迫切想要寻找答案。

迷茫是普遍而正常的

迷茫，即不知道该选择哪一条路，甚至不知道前方究竟有没有路，有哪些路。

迷茫的原因，是未来可供选择的路太多了。中学时期我们都不会迷茫，每天按时起床，到校学习，按部就班完成学业，只为高考考出好成绩。正是因为只有高考这唯一的出路，一切行动都有了清晰的方向，自然就不会有该选择哪一条路的纠结。

而进入大学，或者人生越往后发展，可选的路就变多了。在大学时期，高 GPA、恋爱经历、海外旅行、实习工作等，都会成为自己的目标。为实现这些目标，不同颜色的方块填满了你的日程。迷茫、焦虑、拖延的症状也逐渐出现。

在成长阶段，迷茫是普遍而正常的。你应该感到庆幸，因为这表明摆在你面前的机会变多了，主动权到了自己手里。同时，也应该认清自己，审时度势，及时做出选择，走出迷茫，向着明确的方向前进。

目标、资源与实力

说到迷茫，我们就要谈谈目标。

简单来说，人生每个阶段都有目标，无论是自己设定的，还是他人规定的。在高中，首要的目标是努力学习，高考考出好成绩。在大学，课内学习依然是首要的目标，但课外活动也同样重要。开始工作之后，目标更是变得多样化，包含了薪酬权利、社会声誉、情感家庭等。除此之外，我们都默认一个人成年后应当具有基本的生活常识及道德修养。

在实现各阶段目标的过程中，人有两大最基本的资源要素：时间和精力。

不过这些资源是有限制的。人生那么长，大学只有四年，这是时间上的；一个人不可能像机器一样连续运转多日不休息，这是精力上的。这两大资源的限制对每个人都是一样的、公平的，同样也是客观的。

所以在明确目标之前，应当先分析自身有哪些资源，这些资源有哪些限制。

我们总是说太忙了或是没时间，但时间资源是公平的。一天24小时，这是最公平的资源分配。假设每天睡眠8小时，则清醒时间是16小时。格拉德维尔的1万小时定律指出："人们眼中的天才之所以卓越非凡，并非天资超人一等，而是付出了持续不断的努力。1万小时的锤炼是任何人从平凡变成世界级大师的必要条件。"按此推算，要想在一个领域达到大师级别，需要 $10000/16 \approx 625$ 天，不到两年。这样看起来，每个人距离大师都不远。不过需要注意的是，现实里我们还有许多其他的正业要做，比如正常的学习、工作等，这就占据了很大一部分可用时间。另外还要吃饭、通勤、交际等。看似一天有16小时，实则用来实现心中梦想的时间可能只有下班回家到睡觉前的3小时。

我们经常说心好累、好困，但其实精力资源是可以结合时间来分析的。接着上面的例子，虽然一天清醒时间有16小时，但大脑持续工作会使得效率降低，真正高效工作的时间是有限的。同时，学习工作一天，回家已经非常劳累，难以再集中注意力。连续、大量的精力投入会损伤身体健康，这就好似是在刷信用卡，提前支配未来的精力和时间。

上面对时间及精力资源的分析可以应用到方方面面。比如考研、考资格证，先估计大概需要多少时间复习准备，再结合已有的课业日程安排，将复习计划分配到每一天中去。

除了时间、精力外，自身还有各种已经积累的实力。在明确目标时，也应对自身实力状况进行分析，包括学识、经验、财力等硬实力，以及合作、交际等软实力。这些实力因人而异，可以看作是主观的。

实力，可以看作是人生前一阶段通过努力而获得的回报。高中时，你上知天文，下知地理，前有双曲线，后有生物圈，外可说英语，内可修古文，求得了数列，说得了马哲，能算电磁感应，可轻松解决方程配平。这些积累的实力，正是用高中三年的艰苦奋斗换来的。工作后日益增长的银行余额，也正是自己时间及精力投入的回报。

实力换资源的例子也比比皆是。财力能够解决很多问题，例如更新办公设备，使办公效率大大提高；坐飞机出差，节约时间。雇用几个员工，帮忙处理杂事，生活也就轻松了，精力也就丰富了，这实质上是用财力换取了别人的时间及精力资源。

经过上述分析，我们可以发现目标、资源与实力的关系——人生各阶段就是在有限制的情况下，最高效地利用已有的资源，发挥自身实力，实现自己的目标。当目标实现后，它就变成了自身实力的一部分，再由此出发，实现更高的目标。

打个形象的比方：每个人都是人生路上的司机，时间、精力这些客观的资源对每个人而言都是类似的；而主观的实力则是车的性能，因人而异。目标，则都是远方的终点。

当一名成熟的司机

想当一名成熟的司机、人生的赢家，做好目标规划尤为重要，大致上有两步。

首先是认识自己，确定大方向。想清楚自己真正喜欢什么、想要成为什么样的人，决定长远规划，例如在何处发展、工作的公司与岗位、情感发展等。然后审时度势，结合自身实力及资源，分析实现目标的可行性，适当调整目标。

在确定了大方向之后，第二步就是细分目标。这同样要结合自身的优势及资源，在三年、一年、半年、三个月、一个月等不同时间跨度上做出规划。如果决定三年后出国读研，则需要提前一年参加GRE、托福或雅思考试以作申请。同时GPA、推荐信、课外活动也是强有力的申请材料。这样一来，出国读研的大目标就细分到了英语、GPA、课外活动等小目标，再进一步细分就可以具体到一个月内的日程安排中。

这两步看似简单，但有很多细节值得注意，因为这些细节直接关乎目标的实现。

在明确目标时要认识自己，不过认识自己是很难的一件事。自己对自己的判断可能不是最准的，基于这样的不准判断做出的决定不一定是最优的。这时我们就需要与周围人交流，了解别人眼中的自己是什么样的，是否有自己没发掘的优点和被忽视的缺点，渐渐做到全面地认识自己。

同样，与别人交流还能获得很多有价值的信息。与前辈们交流，汲取经验，可以提前了解情况，判断自身目标设定是否合适；与同辈交流，毕竟大家都是基于当下形势做出的分析，比较各自规划时的细节，观察是否有自己忽视的重要信息；与后辈交流，可以得知时局最新的发展，使自己对未来形势有更精准的把握，这同样也是收获。这样的交流机会广泛出现在公司宣讲会、校友分享会、迎新活动、聚会等各个场合中。

不知道该选择哪一条路，甚至不知道前方到底有哪些路，究竟有没有路，这些迷茫的表现，我们已经解决大部分。不过现实生活中真正成熟的"司机"并不多，很多"司机"不是找不到目标，而是因为目标太多了。

随着人生发展，我们会有很多"里程碑"。又或者说，每个人都远程掌控着多辆车，同时行驶在不同的道路上——学业、事业、家庭、社会责任等，每条路上都有目标，都有里程碑。

然而就像前文分析的那样，人的时间及精力是有限的。目标如果不止一个，则有可能相互争夺资源，使得本就有限的资源更加有限，这样会给自己带来身心压力等影响。各种小说及影视故事里的矛盾情节，实质上就是主人公设定的诸多目标——事业前程、家庭责任、社会道德等，在争夺他有限的资源。当这些资源可以调和的时候，矛盾就有望圆满解决；当不可调和的时候，冲突就爆发了。

所以，在设定目标时，数量一定要适度，不能什么都想要，不然很可能最后什么都得不到。大学期间机会很多，学术研究、社团活动、实习工作、海外交流等，这些都对个人发展及实现长远目标有利，不少人会全部参与，最后常见的结果是夜没少熬，却又留下遗憾。正像美国大学流传的一句话，"学习、社交（娱乐）和睡眠（身体），只能选择两样"。人不一定要求自己方方面面都是赢家，能在某些方面出彩，就已经足够了。

当多个目标冲突时，一定要分清它们的主次关系，依次处理。管理学家科维提出的时间四象限法，把工作按照重要和紧急两个不同的程度进行了划分，在一定程度上适用，不过也有缺陷之处。一些需要集中精力、多花时间在重要事项上，而且还常常会被一些紧急的事项打断，不断推迟，最后迟迟无法开始。比如备考托福时，做一套托福模拟题，需要四个半小时，原本计划今晚抽出时间进行练习，结果晚饭时遇到紧急事务，而第二天晚上已有安排，于是只得推迟到第三天晚上进行，而第二天白天又被告知第三天晚上有新任务，则又进一步推迟。慢慢地，"重要不紧急"的事务就被推到了"重要且紧急"的位置上，最终的效果可想而知。

　　成为一名成熟"司机"的路很长——既要懂自己的技术，还要和其他的"司机"多交流，上路后还不能一心二用追逐过多的目标。

　　每个人都在成长。学校和社会就像驾校，是练习和锻炼的地方。迷茫是普遍的，遗憾也是正常的。出错不要紧，年轻就是资本，重要的是在遗憾之后能够改变自己的目标设定。探索目标的方向，设定目标的数量，行动起来，不再迷茫。

广撒网与准撒网

亚马孙热带雨林中，雌性青蛙在产卵季时，会在水中一次性产下成千上万颗待孵化的蝌蚪卵，随即游走离去。这些蝌蚪卵的命运叵测，有的被路过的小鱼小虾吞食，有的被水底锋利的石头棱角刮破。即使成功孵化为小蝌蚪，它们也会因食物的缺乏和天敌的捕食而大量死去。相比当初成千上万的产卵量而言，最后能够幸存长大，成为青蛙的寥寥无几。

在地球的另一边，非洲大草原上，一头母鹿产下了一只小鹿，小鹿缓缓站起，母鹿帮小鹿舐去身上的羊水，教会小鹿行走，教会它觅食，并在狮子来袭时竭尽全力保护小鹿。最终，母鹿老去，小鹿成年，潇洒地奔跑在无边的大草原上。

青蛙和鹿繁衍后代的差别为什么会如此之大？

繁衍后代的两种策略

生存和繁衍是动物的本能。就繁衍而言，动物在长期的自然选择过程中进化出了两种截然不同的策略。

第一种策略以小型动物为代表，如青蛙，以及昆虫、病菌等个体小的物种。它们在繁育时一次性生产数量庞大的后代。这些后代发育迅速，但因个体较小、竞争力弱，且缺乏亲代关怀，很容易被天敌吞食，被恶劣的自然环境所淘汰，存活到最后的数量极少。第二种策略以大型动物为代表，如鹿、老虎、狮子等哺乳动物。它们在繁育时仅生下一胎或几胎，后代体型较大，竞争性强，存活率极高。这种类型的后代在成长过程中，亲代的关怀与保护起着至关重要的作用。

两种策略虽然形式不同但都是为了繁衍后代，各有优劣。前者更注重数量，轻质量，是一种广撒网的策略——小昆虫看似微不足道，竞争力弱，个体存活率低，但其依靠庞大的产卵数量来保证后代的存活数量。后者更注重质量，轻数量——大型动物的后代数量虽然有限，但亲代为子代提供包括哺乳、抚养、保护在内的各种资源及关怀，个体存活的概率大大增加。

在复杂多变的自然条件下，以两种策略为生的动物都存活了下来，说明各自都有一定的实用性。而这两种策略，同样适用于人类对于未来发展的战略决策。

概率决策模型

这两种繁衍后代的策略可以简化为两种概率决策模型。设想现在有两个游戏，游戏A一局有100次机会，不过每次机会胜利的概率都比较低，仅有2%；另一个游戏B，一局只有3次机会，不过每次胜利的概率都高达67%。如果目标是使胜利的次数尽可能多，你会选择哪一种呢？

事实上通过计算可以发现，游戏A和游戏B的胜利次数的期望都为2。这意味着，玩很多局游戏A，平均下来，每局会胜利2次；玩很多局游戏B，平均下来，每局也会胜利2次。也就是说，如果可以重复进行游戏的话，玩很多局之后，两个游戏的总胜利次数几乎是相同的。

区别在于，游戏A即使每次胜率不高，但其通过提升每局的游戏次数来保证总有那么几次会成功，是一种广撒网的策略。而游戏B虽然次数不多，但其通过最大化每一次的胜率来保证大概率会成功，是一种准撒网的策略。一个以数量取胜，一个以质量取胜。

无论是广撒网还是准撒网，两种策略都是要付出代价的。广撒网注重提升数量，意味着要在数量上下功夫，但如果每次尝试都需要付出一定代价的话，那么上百次、上千次尝试的总代价会很可观。准撒网注重提升质量，将胜率从2%提升到67%，也需要大量时间和精力的付出。

结合动物繁衍的例子来看，小型动物运用的正是广撒网的策略——个体存活率低，但数量庞大，纵使面临残酷的天敌和恶劣的环境，总有那么几个后代会活下来。大型动物采用准撒网的策略，细心抚养仅有的几个后代，教会它们各项必备的生存技能，大大提高其存活的概率。

这两种策略在广告营销上有广泛运用。批量大规模投放广告，例如电视广告、视频网站广告等，对应的是广撒网策略。在了解客户需求，进行客户细分后，定点投放个性化定制广告，对应准撒网策略，例如在高校投放留学广告、在健身房投放营养餐广告等。

求职过程中也存在这两种策略。广撒网的策略对应海投，一次性选中几十上百家公司，把自己简历挨个投递过去，总有那么几个公司会给自己面试机会，到最后总有几个公司会发录用通知。准撒网的策略，则是深入研究各行各业，找准与自己兴趣及技能匹配的几家公司，并努力达到其招聘书上的技能要求，之后再投递简历，同时寻找内推机会，精心准备面试问题，提高自己拿到录用通知的概率。

做哪一种渔夫

广撒网和准撒网，两种策略的预期成功次数是一样的，哪一种策略更优呢？

这时需要分析的成本有两个，一个是广撒网中扩大撒网范围的成本，另一个是准撒网中提升胜率的成本。在广告营销中，分别对应多发一份广告和制作定制广告的成本。在求职过程中，分别对应将简历多投一家公司和提升自己简历背景的成本。

宏观来看，随着互联网的发展，信息传播的边际成本大大降低，互联网思维深入渗透到各个行业中。这意味着，互联网的广泛性和传播性使得扩大撒网范围成了一件相对容易的事。向一千人和向一万人投放广告的区别，可以只是计算机程序里一个小小的参数改变。同样，将自己的简历多投递一家公司，也只需要几次鼠标的点击即可。

同时，这个时代的机会也越来越多，即使错过一个，又有新的涌现，即使错过一家公司的申请截止日期，后面还有十家公司仍然开放申请。这一切似乎都为广撒网策略"低胜率、多次数，总有几次会成功"的理念铺平了道路。

不过广撒网策略也存在致命的弊端。在求职过程中，如果运用广撒网策略，可能半年来都在忙着投简历、去面试，却没花时间提升自己的实力及细心准备面试，也就是只单纯地增大次数，而不考虑提升胜率。最终结果，可能是海投公司上百家，面试几十场，仍没有满意的录用通知。广撒网的这种"这次不成功，反正机会多，多试几次，总会成功"的想法，容易让人变得盲目乐观、不思进取，不从根本上提升胜率，而将希望完全寄托于运气。

另一个限制广撒网策略的，是时间。有时可能多试一次的成本是低的，但等待结果的过程是漫长的。如果这次不成功，再试一次，再试多次，不知不觉中，时间在流逝。拿求职举例，秋招不成功，等春招，春招不成功，一年就过去了，毕业后去哪儿成了问题。广告营销中，投放了广告，还是没有客户，再继续投放，时间一长，不仅库存里面的货物会变质，公司运营成本也会累积上升。

这样来看，相比而言，准撒网策略具有一定优势——不需要太多尝试，不需要等待太久。前期明确目标，专心提升胜率，最后稳准发挥、大功告成，有一种厚积而薄发的味道。不过，专心提升胜率的过程是辛苦的，是需要大量时间和精力投入的。例如高考，就是典型的准撒网策略。因为青春年华有限，复读成本太大，增大尝试次数的广撒网策略不再适用。莘莘学子苦读三年，只为尽可能提升胜率，在夏日的考场上金榜题名。医院的医护人员，基建项目的工程师，也使用并且只能使用准撒网策略。在这些生命攸关的领域中，失败的代价极高，且不允许有重新来过的机会，他们只能尽力将胜率提升至100%，做到极致。

然而，同样还是因为时代的发展，一个人每天接触到的信息量越来越多，处理事务的数量和复杂程度都有所上升，人们也常感叹自己愈发难以将精力专注于一件事上。能做到不被外界的繁华所分心，不被采用广撒网策略的对手的迅速成功所影响，专心致志提升胜率，越来越难了。

另外，若采用准撒网策略，特别需要注重的一点是关注外界变化。采用广撒网策略的人，因为无时无刻不在寻找新机会，能够接触到大量信息，对外界变化较为敏感。而采用准撒网的人可能会沉浸于提升胜率的过程中，少有关注外界信息，以过时的考核标准为参考，将自己的胜率提升到了80%或90%，而实际上由于外界条件变化、考核标准调整，胜率可能只有20%或30%。例如高考复习只顾做题，不顾时事，以至于对高考题目中的案例闻所未闻；埋头做科研，却不关注领域中的研究热点，等等。

两种策略各有优劣，能否将其结合起来呢？实际上已有先例。大公司可以根据用户特定的行为信息，结合人工智能，批量生产个性化定制广告，来促使用户消费，这种方法既增大了撒网范围，又提升了胜率。不过，用户信息对公司是已知的，这样才能实现将广撒网、准撒网结合的最优策略。而对个人而言，外部信息常常是不可知的，不完整的。

做一个广撒网的渔夫，还是准撒网的渔夫？在这个瞬息万变的世界中，竞争，既看实力，又讲运气。想要两种策略并行，可以考虑在外部环境较稳定时，将时间和精力用于准撒网策略，积累实力、提升胜率，并关注外部环境的变化。待风口到来后，转用广撒网策略，不断尝试，将自己提升到新的平台，新的高度，之后转为准撒网策略，在新的平台上积累实力、提升胜率，为下一次风口做准备。循环往复，不断前进。

不对称，才最值钱

以前，和学长聊毕业去向。学长说，刚迈入社会时不要只想着赚钱，而是找到最适合自己的成长路径。因为，你成天通宵赶方案拿两万月薪，攒了半年可能还不如房地产中介随便卖一套二手房赚得多。所以，赚钱的机会很多，但成长的机会很……

什么？中介赚得这么多？我机敏地抓住了重点，后面的话，一句也没听清。

学长点头。中介的本质，就是靠卖信息赚钱。你慢慢会发现，社会上最能赚大钱的，不是劳力，不是资本，而是信息。

我边听边点头，情不自禁地拿出小本记了起来……

中介的本质

学长的话听起来不太明白？我们先来简单了解几个词：

供给方：提供商品或服务的人。

需求方：购买商品或需要服务的人。

信息交换：供给方与需求方的连接。

信息不对称：供给方与需求方信息资源不对等。

信息中介：利用信息不对称获利的第三方。

"你在桥上看风景，看风景的人在楼上看你。"这句小诗，生动形象地演绎了一幅信息不对称的图景。你的视野比那个偷窥你的家伙窄，他看到的比你看到的更多，因此他就比你占据更多信息优势，比如他可以偷拍你、偷袭你、偷偷把你写进诗，而你却一无所知。

信息不对称的交易双方，永远是信息重头的那一方更占优，更有话语权。

当交易双方都没有信息优势的时候，信息中介就随之应运而生。

之前加了一个中古（二手奢侈品）包卖家的微信。她的盈利模式很简单：连接日本供货商和中国客户，赚取双方的差价。

早年间，日本家家户户剁手成性，囤积着大量的宝格丽和路易威登。民间奢侈品的泛滥带动日本二手商品交易业的蓬勃发展。然而，国内市场供过于求，琳琅满目的中古店鲜有人知。

但就在不远处的另一个国度，女人对奢侈品的热情水涨船高，欲壑难填。而中古商正是看准了这两地的供求互补，通过对接日本商家和国内客户，赚取丰厚收益。据她所言，一个市值一万的包包可以赚一千块左右的差价，生意好的话，一天能对接二十位买家。

而且，在这个过程中，她投入的劳力和资本几乎为零。

如果这样的话，我还读什么书？卖包去得了！

当然，我只是开玩笑。读书能让你从其中看到商业模式，摸透背后的规律，从而受到启发并服务于自己的事业。不好好读书的话，可能连怎么认识日本供货商都不知道。

但是，不管读什么专业，身处什么行业，都必须意识到信息二字在这个时代的重要性。交易中、合作中、学业事业甚至感情中，每个人都同时扮演着供给者（商家）与需求者（消费者）的角色。那么你是否知道，在自己参与的成百上千种社会关系中，哪一方拥有更多信息资源、占有更多优势呢？

信息的本质

一切事物之间的联系，都源自信息的交互。

看上去有些空泛。那么信息这个词，究竟该如何理解？

我将它分为虚实两类。实：人脉、权力、资源；虚：认知、技术、品牌。

第一类：实体信息。

先从简单易懂的实体信息入手。

我们都知道，在人情社会中，人脉关系对于交易与合作有着举足轻重的决定性。而这种人脉关系，大多又衍生于权力或资本的基础上。同样是工程承包商，在工程领域有背景的人，一定能比这个行业的普通人获取更多连接客户的人脉资源。所以从外部来看，这个系统的信息流动相当凝滞，信息不对称状态相当固化。

然而，对我们普通人而言，事实也并非绝对悲观：有位朋友做了个租房网站，挂上可供短期出租的房源，一边对接大学生，另一边对接房东。我问他，市场上房屋中介竞争这么激烈，你怎么站稳脚跟？

他说，我的客户群是垂直到大学校园内部的。我是学生，能掌握需求方一手信息资源，而且更能赢得学生群体的信任。对学生们来说，相似的价格和房源，我为什么不直接找自己身边的朋友，而是去相信网上陌生的房屋中介？

你看，貌似一模一样的信息也有高低之分，人们对信息的选择也遵从各类偏好设定。

所以，每个人都该看清自己所处的信息位置，以及自己身上独一无二的信息优势。

看透并善用这一点，就足以让你在信息高速流动的时代，以不变应万变。

第二类：虚体信息。

网红经济，正是这一类别的最佳范例：通过打造个人品牌扩大影响力，从而抢占信息市场。公众号名人开网课，美妆博主开网店，诸如此类，不一而足。这也是为什么，近年来四处都在宣扬"每个人都是一个品牌"的口号。即使不做网红，生活中也要把自己当成品牌认真经营。

还有一个借助信息优势盈利的例子——留学中介。当他们的服务流程已经够完善，名校资源库已经够丰富，跟各大机构的合作关系够稳定因而成本更低，形成了一个低耗而高效的稳定机制后，就在顾客之间的关系中获取了得天独厚的信息优势，从而让顾客心悦诚服地掏钱。

这种信息，可以理解为专业性，或者技术。技术产生的信息主动性，也体现在投行分析师身上。这个令金融系毕业生魂牵梦萦的职业，本质上也是中介。调查公司，收集信息，分析年报，加入自己对行业概况、商业模式、企业运营等的理解和建议，给客户整合出一份分析报告，从客户手里赚取佣金。身为中介的投行人，比身为买方的投资者掌握更多的信息、理解更加深入，因此在这场信息博弈中更占据主导地位。

再说一个脱离商业概念的信息资源——认知。高中时做阅读理解题，大家绞尽脑汁地分析作者描绘一面蓝色窗帘的意图。但只有作者知道，他这样描写，只是因为窗帘本身就是蓝色的。我们七嘴八舌争辩不休，可能永远也触及不到正确答案。

这就是认知上的信息不对称。在这种供求关系中，信息的输出端，永远高于信息的输入端。作者永远要高于读者；德高望重的老师，永远高于听课的学生；智慧的哲学家、文学家、艺术家，永远高于试图理解他们作品的普通人。

因此前者可以向后者灌输自己的理念，改变后者的思维，甚至影响后者的价值观。

这种洗脑策略，用于辩论场上，就是一种克敌制胜的技巧。用于商家身上，就是一种很高级的营销手段，如苹果大肆宣扬简约理念。用于文艺作品如电影领域，甚至可以起到定格历史、塑造文化，引领社会进步的作用。

由此，信息强势方的杀伤力和影响力，可见一斑。

投机取巧的核心：消除信息不对称

经济学里有个著名的"有效市场假说"——假设市场信息完全公开透明，竞争完全充分，人类完全理性，那么股价就是合理的，任何人都不能赚取超额的利润。

然而在现实中，信息完全公开这个假设并不成立。人们无法全面、快速、公平地获取所有社会信息——这就是狭义上的信息不对称。这也说明，市场上仍然存在大量套利的契机，谁知道怎么消除信息不对称，谁就能从中获利。

广义上的信息不对称，也包括我提到的人脉资源信息，科技文化信息等。对这些资源的分配、笼络和调用，看似由身份地位决定，实则更具备主观能动性。

那么，我们该如何占取信息优势位置，通过消除信息不对称来获利？

第一，抢占信息源。

提升信息敏感度，多学多看多扩充知识面，才能比其他人更快占领信息高地。

我的一位公众号网红老师，总能在一些时事火爆之前，用灵敏的新闻嗅觉迅速捕捉到热点，然后整理、思考、写文一气呵成，借助时事蹿升的关注度圈一批粉。他平时就养成了观察生活、深入思考的习惯，所以当机会来临的时候，他就能迅速把握住，而不是像我一样，等慢吞吞码完字，热点早就过去了。

所有领域的竞争市场都是一样。信息资源并非有限，只有第一个抢到它的人才能创造最大的价值。世上没有第二个马云，没人记得住第二个登上月球的人。提升实力，才是抢占信息源的根本。

第二，提升处理信息的能力。

凭先天优势笼络到了资源，却不知道如何处理和利用，最终还是白搭。反过来却大不相同：没有先天优势，但拥有出类拔萃的处理信息能力，则足以反转自己在信息市场上的劣势地位。

史玉柱从主打营销的保健品市场转移到主打产品的网游市

场，战场转移了，模式变换了，但他强大的信息处理能力却一直没变——全面调查市场，把握消费者心理，积极改进产品，修整推广策略，调整管理体系。这种能力，让他不论转移到哪一个市场，都可以迅速抢占到信息资源，并迅速形成市场策略。

在保健品市场里，广告营销最下血本的脑白金，很容易就赢取了消费者的青睐。在网游世界里，《征途》在全面投放市场前总是最积极地进行调整更新，就是为了最强势地俘获宅男的心。

优秀的信息处理能力，比优秀的信息笼络能力，更加难得，也更具决定性。

第三，握取操控信息主动权。

每个人都必须看清自己车游戏中的位置——是主动配置信息的那一个，还是被信息配置的那一个。

一位开始创业的朋友开了个摄影棚，组建了一支在摄影上除了自己外都很专业的团队。他一开始有点自我怀疑，觉得不会摄影难以管理这个公司，觉得自己缺乏做领导的能力。我却跟他说，你有主动调配资源的勇气，就已经是最可贵的能力了。

但是在我们今天的教育体系里，孩子们总被一味地灌输勤奋、努力等品质，以培养成一颗对社会有用的螺丝钉。但没有多少家长和老师会教育孩子该如何决策、管理、利用资源、调配信息。我们总觉得，磨到手破也要自己搬起巨石的孩子，比那个叫路人帮忙搬石头的孩子，更值得嘉奖和鼓励。

在这个世界上，优秀的人才很多，优秀的信息调配者却很少，因为我们不曾意识到，这也是一种能力，一种至关重要的能力。

量化世界，让选择更完美

罗振宇曾经问他的同事：给你们两种选择，一种是直接给你500万，另一种是从两个按钮里选一个拍下去，拍到其中一个按钮不给你钱，拍到另一个按钮给你一个亿。你们选哪一种？

大多数同事毫不犹豫地选择了前者——稳赚500万，而后者虽然有一个亿的巨额诱惑，却也有一分钱都拿不到的可能性。

罗振宇笑了。尽管世界上绝大部分人都会选择前者，但聪明的投机者一定会选择后者。我们通过判断两种选择的价值来做决定：第一种选择，满打满算值500万。而第二种选择的价值，是两个按钮奖赏金额的平均数，即（0+1亿）/2=5000万——因为拍下每个按钮的概率是均等的。

就算你不愿意冒风险，也总有风险偏好者愿意用略低于5000万的价格，买走后者的选择权。比如，你用4000万的价格出售了第二种选择，结果是你无须承担任何风险，却拿到了多达第一种选择八倍的收益。

重新审视一遍这个问题，是不是又有了新的感悟？世界上，这样的选择每时每刻都在上演。是选择回老家干月薪5000的工作，还是留在北上广期盼一个足够诱人却难以掌控的未来呢？是选择相亲认识的小芳，还是追求很有可能无情拒绝掉你的女神呢？

现实中，我们常常会放弃后者的风险，选择前者的安稳，即使后一种选择的价值远远高于前者。

你说，这叫作成熟。我说，这叫数学差。我们选择直接领取500万，其实只是因为我们没调动起理性思维，所以意识不到选择按钮二选一的价值。那该如何衡量一个选择的价值呢？相信以下几个基础的统计学概念，会帮助你更好地量化世界，做出合理选择。

概率

我们中学都学过：条件一定导致结果的，叫作必然事件，譬如抛起的硬币一定会落下。

条件不一定导致结果的，叫作随机事件，譬如落下的硬币不一定是正面。

而随机事件发生的可能性，就叫作概率，譬如正面朝上的概率是50%。

世界上的绝大部分事情都是由随机事件构成的。游泳不一定会长高，读书不一定会变聪明，自律不一定会成功（悲伤的是，否命题大多为确定性事件）。由于影响因素过于繁杂，例如智商、教学环境、练习等，所以没有什么自变量因素，例如读书，可以绝对导致某个因变量结果，例如变聪明。

这个时候，就该引入另一个统计学概念——多元线性回归模型了，此处暂且不提。

所以从广义来看，世界上的所有事都存在概率（P），也就是事件发生的可能性，其中也包括必然事件P为1、不可能事件P为0。在罗振宇的问题中，如果选择二，按下一个亿的按钮的概率为50%；如果选择一，获得500万酬劳的概率是100%。

概率是被动的。即使是你主动选择拍下哪只按钮，但不论面对哪一只被选中的幸运钮，它对你来说，出现1亿或者0的概率都是50%。

概率是上帝在抛硬币，而他的子民却无可奈何。

概率是无记忆的。即使上帝的硬币已经连续一万次正面朝上，但下一次抛出正面的概率仍然是50%。例如，就算一个人已经够倒霉了，但他继续倒霉下去的概率，丝毫不会因为所谓"人品守恒定律"而有丝毫减少。

但是根据经验，抛硬币的次数越多，正面与反面的数量比就越趋向于1：1。样本数量越大，结果就越趋近于理性构想下的结果。同样，随着年岁的推移，一个人最终的命运，会逐渐向与他实力和欲望相匹配的位置收敛。

期望值

期望值（E），官方定义为"所有可能结果的概率（P）乘以其结果（X）"，它相当于所有按钮综合起来的价值，也就是选择拍按钮这个选择本身的价值。

用公式表示，就是$E=P1 \times X1+P2 \times X2$。

举例来说，是选择月收入5千的铁饭碗，还是选择放手一搏去创业？如果选择后者，那么你可能只有30%的概率实现月入10万，也有70%的概率血本无归，平摊到每个月亏损3万，那么创业这个选择的价值就是$E2=10万 \times 30\%-3万 \times 70\%=9千$，仍高于第一种选择$E1=5千 \times 100\%=5千$。

这个策略也被广泛运用到投资活动中。巴菲特与查理·芒格，一生秉承着期望值高于0则继续持有股票的黄金法则，确保自己在大多数时候，是能赚到钱的。

但生活与投资并非全然相同，在生活中，还会出现被我们忽略的隐形价值。譬如在计算创业所带来的价值时，我们除了显性价值，还收获了实力、视野和格局，结交到了导师盟友和伙伴，积累了更多的故事和经验值，无论结果成败，无论最终是盈利还是亏损，这些都是选择赋予的附加值。这个值脱离于概率存在，就像常数（C）一样。

即，$E2'=P1 \times X1+P2 \times X2+C>9千>E2$。

常有人说，投资一分靠技巧，九分靠心态，最终市场上的赢家，往往是敢于做出大胆决策的人。现实中又何尝不是一样呢？我们迷恋安全感，但正是安全让我们失去了动力。与此同时，有人选择勇敢地拥抱更多的未知、更大的期望值。

正是一成不变的稳妥，杀死了我们的可能性。

风险

阻碍我们选择高期望值的东西，就是风险。

之所以选择500万，是因为另一种选择有分文不得的风险；

之所以选择回老家，是因为留在北上广有混不下去的风险；

之所以选择娶小芳，是因为追求女神有被甩一巴掌的风险。

风险与回报，经常相伴而行。高风险与高回报的对应关系，无论是在投资中还是在生活里，都是历史总结的客观规律，指导未来的不二法则。

在金融市场中，风险是回报收益的上下波动。比如，股票一定比债券波动率高，相应的收益率也会更高。

现实生活中，风险是处处潜伏的，难以预料。安稳是逃离战火的避难所，更是限制我们成长的枷锁。在切换速度如此惊人的今天，我们随时面临着被 AI 取代的风险，只有不断跳入新圈层，敢于开拓未知的荒野，才能在狂风巨浪中捕捉自由。

这个时候，保持安稳才最不安全，抗拒风险才是最大的风险。

每一种选择，都有价格。选择最终指向的结果，是随机出现的。但这个选择本身的价值，早就被上帝一锤定音了。

生活是场博弈，先动大脑，再做选择。

第六章

拓宽思维

人与势的博弈策略

优秀的人都在拓宽思维

生活中，很多人都陷入了一个误区：越努力，越幸运。

突破舒适圈，千万别太远

学习那种难度远超自我认知范围的内容时，我肯定会在十分钟内睡着。

但如果学习的知识只是略微有点难度，大脑就会时刻处于活跃状态。

第一种感觉，经常发生在跟新闻系同学聊时政、啃艰深晦涩的经典巨著、写陌生领域的文章时。记得有一次，一个朋友让我看一条关于某新闻的专业时评，结果我刚看了三段，就沉沉地睡了过去……一个小时后，我才挣扎着爬起来把它读完。

类似的情况还有很多：临摹一张石膏人像，直接从精细结构的阴影画起；解一道数学题，不复习概念就直接提笔。无法正确认识自己的能力，胡乱吞咽比自己胃口大太多的食物，全然不知何为循序渐进。无谓倔强，拼命硬抗，仿佛这样就可以显示出自己顽强的决心。但现实是，就算把面前那东西盯到冒烟，它也不会烧成粉末钻进你的脑海里，自己反而会被打击到失去自信，加剧拖延。

其实，这绝非解决难题的最佳途径。面对一时难以解决的任务，你该做的不是拼命摆出努力的样子，而是将它暂时搁置，"高筑墙，广积粮，缓称王"，脚踏实地，从基础慢慢搞起。

就是说，在下定决心学习一门知识之前，我们首先要界定它是否在我们合理学习的范畴之内。

那么对此我们该如何界定呢？美国心理学家诺埃尔·蒂奇（Noel Tichy）提出了一个合理的方案——同心圆理论。

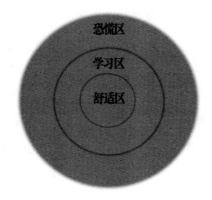

同心圆理论图

最内圈：舒适区，代表我们已经熟练掌握的知识。

中间圈：学习区，象征着有适当挑战性，难度尚且可以接受的知识。

最外圈：恐慌区，由于它远远超越我们的能力范围，所以会带来难以掌控的无力感甚至是畏惧感。

最好的活动范围，当然是舒适区之外不远处的学习区！但是很多孩子太拼，一下子就跑到恐慌区里了，结果就是又累、效率又低，得不偿失。

同心圆模型的三大属性

我认为这三个圈圈，还具有三个属性：主观性、动态性、扩张性。

第一，同心圆的界定有主观性。

一个人在不同领域、不同人在相同领域、不同人在不同领域的同心圆，都各不相同。比如，你在数理方面有着极大范围的学习区，可以接受比自身认知高深很多倍的内容。但在体育领域的学习区半径较短，挑战的项目一旦超过自身能力，就会开始感到畏惧。

同样，每个人的学习兼容度、风险偏好度都大相径庭，所以在水平方向上，不具备太大的可比性。

第二，同心圆的大小有动态性。

　　同一个人、同一领域、不同时间的同心圆也不一样。同心圆并非一成不变，它的半径随时都可能发生无规律变化。也就是说，这个同心圆的半径大小受外界因素影响。譬如，由于精力、专注力等内部因素，以及光照、温度等外部因素，你在上午时的学习兼容度，会远远高于下午三四点钟的时候。上午还读得懂的学术论文，到了下午就可能完全一头雾水了。

　　第三，同心圆的范围有扩张性。

　　同心圆的三个圈，会在学习的过程中同时向外扩张，为发掘未知提供更大的可能性。

　　舒适圈即一个人的认知圈。如果他永远不走出舒适区，不去突破自身的认知水平，那么他舒适圈的半径永远也不会扩大。

　　同样，如果他一下子从舒适区闯入恐慌区，强行拉扯认知圈的半径，那么认知圈不但不会急速增长，反而会由于情绪、精神压力等原因，产生爆破式的风险。所以，故步自封和自不量力，都算不上明智的进步方式。

如何优化同心圆模型

　　人类总是贪婪的，我们总希望用最短的时间、最高的效率，获取最多的知识。所以，我们就根据以上提到的三个属性，提出了优化这个同心圆模型的三个策略：增快舒适区扩张率（扩张性），放大学习区半径（动态性），还有最核心的——主观操控同心圆的三个区（主观性）。

第一，增快舒适区扩张率。让舒适区扩张增速的突破口，在于将新鲜摄入的知识迅速转化为熟练掌握的知识，将学习区的面积迅速划分到舒适区。

实现它的关键之处，就是练习。练习包括输入和输出两个步骤，分别是摄取学习区的知识，以及将它转化为舒适区的认知。

输入即学习，输出即实践。王阳明强调"知行合一"，学到的知识要立即付诸行动，才能让知识真正为我所用，转化为自己的硬实力。当然，这里的行动不仅限于身体发生的具体动作，也包括检验知识水平的练习等。

在这个过程中，要专注于眼下，不在意得失。传说周杰伦在出道之初，用10天时间做出了50首样本唱片。他飞速捕捉灵感和素材，将其输入大脑，然后又把它们飞速转换为乐谱歌词流出笔尖。短短10天的魔鬼式练习，让周杰伦在音乐领域的舒适区迅速扩张了好几个层级。

所以，即使受学习区范围限制，只要学习速度够快，练习频次够猛，那么一个人仍然可以飞速扩张舒适区，不断提升新境界。

迅速扩张舒适区的要点：练习。

第二，放大学习区半径。对于慢节奏的学习者来说，这绝对是一个更好的迅速升级认知的能力。

只要你的学习区覆盖范围够广，广到能和别人的恐慌区面积相当，那么当别人正在勤勤恳恳又小心翼翼地快马加鞭时，你就可以从容不迫地尝试别人还难以接受的知识。

譬如，我有一些自学日语的朋友，在准备系统性学习日语拼写和语法之前，就通过看日漫模仿整段的语句。再譬如，我们在学习物理的时候，经常能在学习基础理论之前，就对一些抽象的概念（譬如空间折叠）产生比较生动的感知。

即使知识储备不足，仍然可以提前接触高深的内容。这种学习模式，就像在大脑中凌空建起一座三维城堡，即使地基尚未打牢，也能将上层的砖瓦提前布置上去。在铺砖盖瓦的过程中，又会从上悬下长长短短的神经纤维，那些就是我们亟待考证的大胆猜想。等到基础知识被运输进城堡了，它们就可以通过神经纤维与上层建筑迅速地衔接起来，相互牵连，多元印证，彼此呼应，融会贯通，极大提高自己的学习效率。

这种提前入侵的学习模式，会使你达到一种极具延展性和兼容度的思考状态。想达到这种状态，前提是拥有全神贯注、触类旁通的感知系统。同时，这种学习还需要长期保鲜的记忆力和不求甚解的心脏，不要奢求目之所及皆在大脑库存覆盖范围内，待到未来的某一天总会迎刃而解。总之，玄机在于掌握好这个状态的度。

放大学习区半径的要点：状态。

第三，难度系数最高：主观操控同心圆。唯一高于练习和状态的要素，叫作思维。

现在，我们一起站在思维的角度重新审视同心圆模型。首先，这个模型的考察主体是知识的"难度"。而"难度"的界定，并非衡量主人公的思维水平有多高深的标准，而是为一项学问需要多少相关领域的基础知识做铺垫，也就是说，思维这东西，是脱离于同心圆模型的。

我们不能随心所欲地操控三个圆圈在实体知识上的范畴，正如有句话形容认知层级跃迁之难："你可以一夜整容成范冰冰，但不能一夜读成高晓松。"

然而，我们虽不能一夜拥有高晓松的学识，却并不意味着我们不能一夜练就高晓松的思维。思维这个东西，不需要日积月累循序渐进，它可以随时空降于任何一个坐标，就能够收获四两拨千斤的奇效。

换角度，重新定义同心圆

当我们转换一个角度，从俯视图切换到侧视图，突然就会发现——原来同心圆模型还可以是三维的！

这一次，我们换一种全新的方式来理解这座"小山"上的舒适区、学习区和恐慌区。

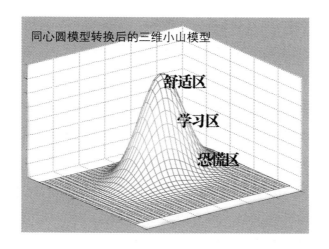

三维分布

舒适区：思维的制高点，人烟稀少。站在这个位置，你可以睥睨天下，一览众山小。思维达到这个境界之后，再难的任务也能应对得舒适自如。

学习区：思维水平尚未登峰造极，所以学习过程比较吃力，处于摸爬滚打、不断摸索的状态当中。

恐慌区：茫茫众生大多分布此地，思维水平较低，认知水平较低，所以学习和工作皆力不从心，常年处于恐慌之中。

思维从半山腰到顶峰，也许只在一念之间，但却能从事必躬亲变为呼风唤雨。

举个例子。腾讯曾经采用"花瓣形"扩张模式，全面覆盖多种互联网服务的运营理念。这意味着，腾讯在每个领域都要和顶尖公司一决高下。但后来，马化腾灵光一现，变换了一个思维：开放生态，投资一大批公司，让投资的公司自行经营，腾讯不再插手内部管理。

马化腾思维的升级，实现的不只是从封闭到开放的策略转换，更是从利己转变为利人的企业格局。

就这样，腾讯实现了市值从300亿美金涨到3000亿美金的业界神话，从一座独立生长的企业帝国，扩展为一个连接世界的生态体系。

拥有高屋建瓴的思维，才是对抗同心圆局限的上上策。击碎所有区域的边界，方能彻底毁灭恐惧；从固有角度中脱离出来，才会收获全新的大格局。

努力不见得让你更幸运。但勇敢开拓思维的疆域，一定是一场稳赢不输的游戏。

真正的创新是超越

创新不是越新越好

前段时间，有篇文章在自媒体圈火了，题目特别具有戏剧性："一对清华同班同学：一个搞出 350 亿市值，一个沦为阶下囚。"文章讲的是两位大学同窗成为互联网企业家后截然不同的命运走向。一位在几年间频繁更换产品，在"创新"的道路上奔跑不息，最终却优势殆尽；而另一位数十年如一日地投身于同一家企业，最终成就了自己的事业，公司估值高达50亿美金。

参看这个故事就会发现，创新的核心不在"新"，变化迅速的时代，比的也不再是谁头脑更热、谁反应更快。在任何时候，认准一个方向，并能坚持走下去，都比三分钟热度更占优势。

追新就是逐旧

创新到底是什么？

也许很多人会回答——创新就是大数据，是共享经济，是AI，是一切新兴的科学技术或理念。也许还有人回答，创新是风口，是热点，是新鲜出炉的信息和机遇。

但真相确实如此吗？我们看看许朝军，永远都能捕捉到最新的潮流，赶上最新的风口。我们再看看各类追逐热点的自媒体，一有新热点出来，就会争抢得头破血流，但观点大都大同小异，比较新颖的也无非是为了夺人眼球。

其实，大家都挤到一个风口恰恰不是创新，而是争相模仿。创新的本质与环境无关，关键在于在固有模式的基础上，进行自我升级。

大多人理解的创新是"换汤不换药"，场景变了，模式没变，只是用老套路开发新的市场。而真正的创新，应当是基于当时的场景制定最合适的产物。时机变了，情境变了，再复制原来的模式就会收效甚微。

创新，绝非赶风口这么简单。不懂飞的猪，就算站上了风口被一吹升天，结局也只能是从高处摔下而已。创新的本质，恰恰是钻研并提升"飞行技术"，在原有认知的基础上不断升级，通过创新产品，而实现根本上的差异化竞争。

有心才能有新

有些创造者单纯为了创新而创新，他们的思维逻辑很发达，创造力也极强，总能按照权力者的意愿设计出很多出其不意的东西。

但是，这些设计明显让人感觉只是技术上的标新立异，缺乏对社会的观察，少了设计者的个性注入，只是技术的堆砌，看不出任何新意。

真正的创新，能够赋予一件事物新的生命与价值，它不仅是形式上的创新，更是理念的更新。这种创新可以引领大家的思维，甚至引导新的生活方式，不仅仅是博取大家的眼球。

宜家在一次加拿大厨房展上，推出了一项创新设计。展品是一张纸，纸上印有食谱，有了它，就能把最难标准化的烹饪轻松搞定。

在这份烤纸食谱上，各种主料及配料不是按数量或刻度标明，而是直接印出一个个不同状的图形，人们只需把各种食材对号入座地填满小图形，然后放进烤箱就可以了。

这个设计一经推出，就立刻引起了高度关注，成为展会上一个惊艳的亮点。它贯彻了宜家"卖半成品，自主组装"的理念，让食材像家具一样，按照配料表标准化制作流程，又不失动手的乐趣。

可以说，宜家卖的不止是家具，而是一种标准，一种流程，一种理念。这张食谱图纸，正是这种理念的巧妙演化。

在市场竞争白热化的今天，各种新奇的产品层出不穷。大多数创新都是在"新奇"上不断向外延展，而宜家仅用一张普通的纸就颠覆了大家的认知。不同于为了创新而创新，宜家的设计师，充分考虑到了人们的快节奏生活方式和简单便捷的烹饪需求，这才设计出了一个与众不同的、创新中带有温度的产品。

乔布斯说："人应该站在人文与科学的交叉点上。任何一种科学的新意，注入了人文的心意才能拥有意义。"

只有科技化与社会化有机结合的创新，才具有真正的生命力。

创新就是自我突破

当原始人开始改变手脚并爬的习惯，开始直立行走的时候，自然会有传统的势力出来阻挠——因为这样使得奔跑不再迅速，降低了原有竞争力。而更有头脑的原始人却能看到，只有直立行走，才能将双手解放出来，做比爬行更有意义的事。

现在看来，这是多么正确的选择。人类解放了双手之后，用它来创造、劳作、输出大脑制造出的内容，才慢慢成为万物的主宰。而这在当时，不就是一个伟大的创新吗？

以先人为模范，我们具体该如何自我突破、勇于创新呢？

第一，走出舒适区。把"除旧迎新"当作常态，减少潜意识里对它的抵触。

第二，**打破思维定式**。建立一种能够自我否定、自我重建的更新机制；敢于突破自己，颠覆自己，不断完善自己的认知。

第三，**调整视角**。放宽眼界，提升格局，积极了解整个世界的前沿动态，在时间和空间上都"高屋建瓴"。

第四，**多角度看问题**。对于每个事物，站在不同角度去了解和分析，从而找到事物最本质的一面。创新的前提，就是对事物有透彻的理解。如何多角度观察？对于一个事物的发展规律，除了看它的理想状态，也要设想一下极端情况会是怎样，每一个极大、极小、极多、极少的边缘，情况会是如何。这在金融学里叫作"压力测试"，用于客观衡量公司的金融状态。唯有在极端情况下，才可能在别人想不到的角落，发掘到更多的机会。

第五，**完善自我的独立思维和强大的自我意识**。外界的新变化可以为我所用，但不能将我左右。不要人云亦云，随波逐流，错把抢热点、赶风口当作创新，真正的创新是由内在而非外在决定的。

创新就是通过对自我的超越，完成意识的觉醒和观念的创新。

当今社会的竞争，就是一场思维之争。只有开放、创新、动态调整的思维，才能让我们在纷繁的现象中，坚持思辨，保持清醒，不断提升。

人与势的博弈策略

弱势胜于强势

一家公司里有位年轻的副总裁。其他几位副总裁资历都比他深，而且彼此间关系复杂，明争暗斗。董事长非常看重这位年轻的副总裁，并指定他做自己的继任者。

没多久，董事长突发心脏病去世了，这位副总裁于是去问他的一位朋友，自己该不该去接任董事长职务。朋友回答："现在这个事情不应该主动去当，但一年以后你还是能当上。"他接受了朋友的建议。一年以后，他果真当上了董事长。

这个推测为什么会这么准？他的朋友分析道：老总裁刚去世，你立刻上位，其他的几个副总裁会因为你资历不够而心生不服，结盟对付你。你出于防卫，就要分出很多精力去应对，无法全身心工作，公司业绩自然会受到很大的影响，自己也会处于进退两难的尴尬境地。

如果你先主动退让，就会在所有人面前赢得"识时务、知进退"的好声誉，与此同时其他的副总裁就会把精力用在对付那个新上任的总裁身上，这个人的工作也会不好开展。

一年以后，公司因内耗业绩上不去，董事会成员都会受到损失。这时，你的能力和为人就会凸显出来，自然你就会是这个位子的最合适人选。

这个职场斗心机的故事，揭示了一个不言而喻的处世之道：看清事物运行的规律，预测下一步的行进方向。顺应这个趋势，进行自我角色转化——先让自己处于弱势，减少阻力，然后顺势而为，变身为强势一方。

在合适的时机选择弱势的智慧，基于拥有参透"大势"的能力。

顺流胜于逆流

马东在《奇葩说》里说过一句话，我深以为然："我们常常记得我们在哪条船上，却忘了我们在哪条河上。"

很多人只关注自己身边的环境，把心思都花在如何跑赢竞争对手上，可是却很少有人关注办公室以外，甚至公司以外、国门以外的行业大环境、大趋势。

大局观，是我们大多数人所欠缺也是我们最需要的能力。

如果我们只是一味"活在当下，只问耕耘，不问收获"，以不变应万变，在自己的岗位上辛勤地默默耕耘着，却对时代的变化和发展趋势全然不知，也就无法预料自己会被时代的洪流推向何方。因此，我们往往付出了千辛万苦，却依然无法前进寸步。

当你开始抱怨"为什么我付出了这么多，世界还是没有对我更好"的时候，就该静下心来反思一下了——"我的船是在一条什么样的河上，这条船是在顺行，还是在逆行呢？"

二十年前，亚洲陷入经济危机。国内大多数人都感叹，自己生不逢时，没有任何机遇。而马云却跳出国门，从世界格局出发，从国内的现状中看到了中国未来经济发展的大趋势——互联网。

他笃定，我们现在就处于最大的机遇里。他独到的眼光，使他先于众人发现了中国互联网的巨大潜力，并于二十年后，成就了辉煌的阿里巴巴帝国。

真正成功的企业家，大多是顺势而为。从抓住美国零售业大势的沃尔玛创始人山姆，到抓住中国互联网大势的马云、刘强东、马化腾；从金融界呼风唤雨的巴菲特，到借助出国潮成就事业的教育界一哥俞敏洪。一家企业成功的关键，并非只是自身的原因，更多的是懂得依附于当下的市场趋势。

在信息化时代，世界每天都在发生着巨变。比特币的价格一年翻升了十倍，但又在中国的法制下突然退出了市场。看准趋势，往往比勤奋更加重要。

在暗流涌动中找寻规律，学会判断趋势，并按规律做事，忘记所谓的人定胜天，才是真正智慧的选择。

造势胜于霸势

电影《让子弹飞》中，姜文扮演的县长想除掉当地恶霸黄四郎，但是他手下的兵马太少，靠硬拼只能是两败俱伤的境地。于是，他让兄弟们在恶霸固若金汤的大门前，对着大门把子弹都打光，通过巨大的声音造出声势。然后，兄弟们扛着黄四郎的替身伪装成黄四郎本人在整个县城示众，并当众把替身的头砍下。于是，全城百姓都冲进了黄四郎家，将他的老巢一举摧毁，并杀了真正的黄四郎。

平日里，百姓对恶霸又恨又怕，所以当县长成功制造出恶霸已死的假象时，所有人都被激发出了最大的力量，万众一心，捣毁了黄四郎的老巢。这一出戏，就是县长抓住了百姓的心理，按照大家"黄四郎没死我就忍着，黄四郎死了我就凑热闹"的想法，设计出了这个"假胜"的策略，成功避免了双方火拼的后果。

这种策略从古至今一贯实用。陈胜吴广起义之际，陈安排吴在神庙装狐狸大叫"大楚兴，陈胜王"，给当地群众一种冥冥之中自有天意的错觉，由此在民间树立起了威望。

真正聪明的强者，知道如何造势为自己排除阻力，从而达到事半功倍的效果。他不仅能看到现有的规律，还能营造出一种对自己有利的新的趋势，再实现顺势而为。他不是一个人在战斗，也不是一群人在战斗，而是制造局势，让全世界都为他战斗。

如何才能根据目标，巧妙造势呢？

首先，要深入观察，看清事物的本质。

然后，总结出事物内在规律，设计最佳行进路线。

最后，创造趋势，借势打势，利用"天时、地利、人和"，水到渠成。

这需要我们具备以下几点：

第一，多维度观察，归纳重点。在繁杂的现象中，找到事物的主体矛盾。例如《让子弹飞》里，主要矛盾是所有百姓对恶霸的真实心理活动。百姓对恶霸有两方面心态，一是恨，二是怕。也就是说，即使他们对恶霸的欺凌恨之入骨，出于软弱的性格和匮乏的勇气，他们也并不会采取任何反抗的措施。而这一矛盾，就为县长后期设的局埋下了伏笔。

第二，逆向思维，发现问题。预测在达到目标的过程中会有哪些阻力，找到解决的方法。

百姓虽然痛恨恶霸，但又十分惧怕他，如果不消除这个不利因素，就无法利用现有趋势。所以，县长杀死假恶霸，就是为了消除这一不利因素。

当百姓误以为恶霸已死，心里的怕顿时被消除，于是他们为了抢回属于自己的东西，勇气立刻就被全部点燃了，形成了一股势不可当的力量。

第三，逻辑推理，准确判断。根据现有主体矛盾，推出下一步，或者说是根据现有形势判断下一步趋势。

正因为县长已经周密布局，对事态的发展方向胸有成竹，他才能一声令下，让对准大门的子弹再飞一会儿。基于对环境的了解、对时机的把握，事情也就自然顺着大势运行下去了。

"行到水穷处，坐看云起时"，就形容了掌握事物运行规律后，达到的那种随心所欲的境界。顺应规律，遵循大道，是为人间大智。

消除固有认知的四种思维

曲线思维

和珅的故事大家一定都耳熟能详，在电视剧《铁齿铜牙纪晓岚》中，他那中国第一大贪官的形象可谓是深入人心了。但实际上，这个可爱的反派角色却做过一件表面很混蛋，实际却很机智的事。

一个地方遭灾，于是政府办了粥厂赈灾。和珅命令手下往粮食里掺了些沙土，纪晓岚很生气地问和珅，你这是干什么？和珅回答，真正的灾民是不会在乎粥里有沙子的，而那些生活富足、只想蹭吃蹭喝的人就不会来了。这样，才能让最饥饿的人活下来。

粥里放入泥沙虽然降低了灾民的食用体验，却起到了阻断浑水摸鱼者的作用，提高了粮食供给的靶向性。反观历史，通常是救济粮被层层克扣，真正有需求的百姓却得不到救济，反而便宜了各层利益盘剥者。

一身正气的纪晓岚只看到了济贫的表象，一肚子坏水的和珅却看到了表象背后的深层逻辑。他知晓官场利益与百姓存亡的矛盾关系，利用巧妙的"价格阶梯"经济学思维，以降低商品质量的手段来筛选价格敏感的人群，极大提高了分配效率，从而保证更多有需求的贫苦百姓能填饱肚皮。

相比于纪晓岚"爱他就是要给他最好的"的耿直思路，和珅的脑回路更加迂回——他看清了表象背后的错综复杂，并切换角度去寻求解决问题的方法。我们从小就知道两点之间直线最短，然而当我们卷入繁杂纷乱的世事当中，直线思维就不再适用了。这时候，和珅这种非同寻常的曲线思维，才是集宏观视角与微观辩证为一身的大智慧。

逆推思维

鲁国有一人擅长编织麻鞋，他的妻子善织绸缎，二人准备一起到越国做生意。有人劝告他说："你不要去，不然一定会失败的。你善编鞋，而越人习惯于赤足走路；你妻子善织做帽子的绸缎，可越人习惯披头散发，从不戴帽子。你们擅长的技术，在越国根本派不上用场。"可鲁人并没有改变初衷，几年后，他不但没有失败，反倒生意兴隆，富甲一方。

在我们的固有认知里，做鞋帽生意，当然得去有鞋帽需求的地区。但鲁人打破了这种思维方式——正因为越人不穿鞋不戴帽，那里才有更广阔的市场前景和巨大的销售潜力。只要改变了越人的生活习惯，越国就有可能变成一个庞大的鞋帽市场。与正常人的脑回路不同，鲁人反其道而行之，反而发掘到了更多商机。

现在我们重新梳理一下这两种逻辑。第一种：因为有市场，才去做生意。第二种：因为有商品，所以可以创造市场。鲁人采用倒推式的思维观测局势，反而开发出了巨大的市场，比前者更容易获利。

我们总是习惯于沿着事物发展的正方向去思考问题并寻求解决办法。其实对于某些问题，从结论往回倒推已知条件更加适宜。有时，逆推式思考，反而会使问题简单化，甚至会因此有新发现，不经意间创造出惊天动地的奇迹。这，就是逆推思维的魅力。

版图思维

福特公司把汽车从富人专属品的神坛带到了大众的生活中。但是，即便T型车上市初期大受欢迎，截至1922年，整个美国有车一族的占比仍然只有10%，并且增长速度开始出现明显下滑。

通用汽车公司的总裁艾尔弗雷德·斯隆注意到了这个现象。

为了让汽车销量跨过瓶颈期，斯隆为通用公司制定了一个恢宏而曲折的计划。他先鼓励人们乘坐公共汽车，然后在人们逐渐习惯了乘坐公共汽车后再鼓励人们乘坐小汽车。

为此，通用公司与加利福尼亚标准石油公司、凡士通轮胎公司以及另外两家公司合作，成立了"美国城市干线"公司，开始大刀阔斧地开辟公共汽车线路，逐步解构人们的固有出行体系。

在汽车普及之前，城市的规模大小都以步行距离为基础，城市的人口分布紧密围绕着工厂和学校，人们的购物和娱乐也仅限于很小的半径范围内。而在全美的道路条件大幅改善后，公共汽车线路越来越四通八达，人们工作、生活、购物的活动范围也在不断扩大，城市规模迅速向外延伸，人们越来越习惯和依赖交通工具。美国终于真正走进了汽车时代。

斯隆这一盘大棋，并非只着眼于自家汽车的销售额，而是把自己的产品与人们的生活方式牢牢地绑在了一起。他没有采取疯狂推销、花式促销、拼命打价格战的惯用模式，而是通过布局一张宏观版图，一手培养出一整片交通产业。从布局城市系统开始，培养人们的出行习惯，再进一步普及买车意识……看上去费尽周折，实际上是从根源上打破了人们思维上的局限，从而摆脱了销售额的瓶颈。

版图思维，说到底就是大局意识加全面布盘。以斯隆看来，汽车产业与公交产业直接的关系不是零和游戏，而是共生游戏。建设一个宏观而全面的版图，对二者皆有裨益。正是意识到了普通人没有看到的关键，他才会做出最英明的决策。人站的高度不同，思维角度不同，视野与策略也将大相径庭。

反向思维

彼得·考夫曼在《穷查理宝典》这本书中多次提到了反向思维。他看问题总是习惯反着来：要想明白人生如何得到幸福，得先研究人生如何变得痛苦；要想研究企业如何做强做大，得先研究企业是如何走向衰败的。大部分人更关心如何在股市上投资成功，查理最关心的则是为什么大多数人会投资失败。而对于失败的总结，往往才是比直奔主题更能高效实现目标的方式。

在数学证明题中，我们对反向思维不陌生。要想证明此不等式成立，可以先证明反向不等式不成立，而这样往往会简化解题思路，复杂的证明也会变得轻而易举。

这个思路背后的原理，就是我们都学过的逆否命题。若一个事件的逆否命题成立，那么它本身也一定成立。譬如小明不是女生不成立，那么她就一定是女生。同样，若做这件事一定会失败，那么不做这件事就有可能成功。当做出足够多次对失败的揣测（设失败概率为 P，尝试次数为 n），成功的概率就可以大幅提高直到趋近于 1（$=1-P^n$）。

　　我特别喜欢一句谚语："我只想知道自己未来将死在哪里，这样我就不去那个地方了。"这句因果颠倒的悖论式逻辑，其实对我们的生活很有启示。对于那些我们可以主观改写的答案，预知了错误就可以更快地走入正途，未尝不是一种投机取巧。懂得活用逆否思维，一定会在这充斥着概率的世界中大受裨益。

聪明人都懂的条件概率

有一段时间，上证指数断崖式暴跌了近200个点，市场上哀鸿遍野。每到这个时候就会有人发问，股神巴菲特来了会怎样？他在这样的大盘中是不是照样可以获利？答案是，在惨淡的市场背景下，套利机会对任何人来说都是少之又少，即使是巴菲特也对此无力回天。

条件概率：资本游戏的黄金法则

巴菲特有几条经典的投资理念。第一，只投真正经营稳健、管理有方、讲究诚信的企业，并且长期持有。第二，只投自己足够了解的企业，宁缺毋滥。第三，把大赌注押在高概率事件上。如果对一只股的回报率有足够的把握，那就减轻其他股的投资配比，对这只股尽量多投资。

　　巴菲特在资本市场上的成功运作，离不开这几个强调稳中求胜的投资信条。稳的核心所在，就是顺从大盘的规律，在市场普遍景气时做多，绝不一看到市场波动就以为有利可图，被投机心态驱使，像赌徒一样毫无把握地乱投一气。

　　资本市场中，往往更讲究时势造英雄——把自己带到优势的境地，制胜的概率就会变高。投资成功者，大多是借助了整个大盘的上升趋势；而当大盘处于下降周期时，个股盈利的概率也会大大降低。

　　形容这个规律的金融学概念叫作"贝塔系数"，用于描述个股的风险溢价（个股收益率与无风险利率的差值）和市场的风险溢价（市场收益率与无风险利率的差值）之间的正比例关系。不同公司、不同领域的贝塔系数往往不尽相同，但大多在1上下浮动，也就是说，市场收益率变化的方向和幅度，差不多就相当于个股变化的方向和幅度。

　　贝塔系数展现的正是个股与市场收益率之间紧密相连的因果关系，也就是基于市场指数，公司股票或涨或跌的条件概率：当市场整体景气时，公司的股票就会大概率上升；当市场萧条时，公司股票也会大概率下降。

　　条件概率的官方定义，是指事件A在另一个事件B已经发生条件下的发生概率。放到股市的例子中，即为已知大盘的变化上涨某个特定值时，某公司股价也上涨某个特定值的概率。但大盘不一定会上涨，也就是说，个股上涨的真正概率是远远低于条件概率的。然而换个角度想，一旦我们明确了大盘的趋势，那么从个股中获利就会更有把握。

条件概率思维，是在金钱游戏中获胜的至高法宝。欧洲赌场曾经出现过一个赌神，夜夜连赢不止。后来人们才知道，这是因为轮盘上出现了一个裂缝。而只有这位赌神发现并利用了这一点：物理意义上的漏洞，导致某些特定数字的出现概率比其他数字更高。掌握了这个规律，就大大提高了赢的概率。

发现并选定一个成功概率高的领域，可能比一切天赋、能力、努力都重要。

概率学不相信直觉

读过了条件概率的例子，现在我们来看看条件概率具体该如何计算。首先，来看一道概率题：

一辆出租车在雨夜肇事，现场有一个目击证人说，看见该车是蓝色的。除此之外，该目击证人识别蓝色和绿色出租车的准确率是80%；在当地，出租车85%是绿色的，15%是蓝色的。请问：这辆肇事出租车是蓝色的概率有多大？

大多数人会认为，该出租车是蓝色的概率是80%；然而，他们没有考虑到当地绿车多蓝车少的宏观概况。正确的答案应该是这样计算：

该车是绿车但被看成蓝车的概率是（0.85×0.2）。

该车是蓝车且被看成蓝车的概率是（0.15×0.8）。

所以在已知被看成蓝车的基础上，该车确实是蓝车的概率是（0.15×0.8）/[（0.85×0.2）+（0.15×0.8）]=41.38%，这个数字远远低于80%。

为什么该车是蓝车的概率被严重高估了？

虽然目击证人看到蓝色的准确率是80%，但是我们还要参考当地出租车是蓝色本身的比率。也就是说，我们不但要看到直接的概率，还要看到间接的概率，它们共同的概率（即二者的乘积）才是真正的准确数值。因为绿色车的基数较大，目击人看错的可能性更大一些。

我们误以为真正的概率是80%，其实是基于已知概率上的条件概率。而误把条件概率当作指导我们行动的真正概率，是我们经常掉入的思维陷阱。

比方说，我们看到了学历高的同学毕业后往往收入更高，但是没有看到家境好的同学有更多机会获得高学历；而家境本身对收入产生的影响，亦是不言而喻。所以我们眼中高学历带来高收入的金科玉律，就有必要被重新审视和衡量了。

我们经常用直觉来感知概率，而不是审视全局，大致罗列出几项影响因素，并看清事件之间的相互影响作用。然而，不能正确审视条件概率的后果，就是引发极大的误差，甚至会对我们的决策起到误导作用。

法国数学家拉普拉斯说："人生中最重要的问题，绝大多数情况下，真的就只是概率问题。你无法用直觉感知概率，直觉有时是我们判断失误的最大敌人。"

而正确认识条件概率，就是让我们抛弃直觉，用理性手段审时度势的策略。

水浅之处，不可载舟

水能载舟，亦能覆舟。水浅之处，舟必倾覆。

三国中有一则故事，堪称被"条件概率"击中的经典。

公元219年，曹操和孙权联手，打败了蜀汉关羽大军。其后，孙权上表给曹操，自称为臣，请曹操取代汉献帝做皇帝。曹操把孙权的来书给群臣看，说："孙权这小子，是想把我放在炉火上烤啊。"

何出此言？因为当时是东汉末期，诸侯混战，社会动荡，百姓都无比渴望一个和平安定的世道，可民心所向还是汉室。

曹操对这点看得一清二楚，所以他避开了当皇帝的不利时机，而是选择顺势而为，挟天子以令诸侯，用"后台操控"的方式一统天下，在最短的时间内成功积聚了大量的力量。

而袁术却反其道而行之。他从孙策那里得到了传国玉玺，就想当然地以为是天命所归，不顾当时局势，迫不及待地称了帝。结果，他这个"皇帝"受到天下的声讨，各路诸侯纷纷向他宣战：先是孙策在江东脱离袁术自立，让袁术丢了半壁江山；又有吕布乘虚而入，打败袁术大军，在淮北大肆劫掠；接着曹操亲自征讨袁术，斩杀袁术数员大将，迫使袁术不得不逃回淮南老巢。

就像暴风中挣扎的芦苇，袁术即使拼尽了全力也不过是一场徒劳，最终被刘备所灭，悲惨离世。

袁术的"舟"可谓是非常完美了，又有先天优势，又有掌舵经验，还有传国玉玺作为老天爷的权威认证，简直占尽了先机。可是，奈何"舟"下面的水域实在太浅，根本承载不动他的野心。举国上下的军民一心向汉，没有几个买他的账。基于这样的大背景，袁术获胜的条件概率，几乎为零。

回到现代。雷军的小米手机一贯以高品质、高性价比享誉中外。最开始，小米只专注线上，销售渠道以电商模式为主。可电商只占商品零售总额的10%，直到今天，90%的人买手机还是在线下买。

雷军意识到，小米手机即使技术、性价比等各方面都非常领先，可是它现在位于"水浅"的市场，无论自己多么努力，自身产品多么优秀，小米手机也不能更多地占有市场。于是，他赶紧转移到"水深"的实体市场，火热开展线下销售模式。

荀子有一句至理名言："君子生非异也，善假于物也。"当大家都足够优秀和勤奋的时候，我们最终较量的，就是谁能正确使用身边的武器。这武器，就是我们从条件概率的视角出发，对周边环境产生的正确认知。

无论做什么事情，首先要考虑它的几种结果是基于什么样的环境，又是由什么条件概率分配，然后再做出正确的决策，如此，便能登高望远，在起跑线上领先于人。

引水入渠，承载大舟

说到底，条件概率的精髓就在于给自己创造良好的前提条件，以提升实现目标的成功率。但是，万一没有这样的环境怎么办？难道这样就无路可选了吗？

答案是，如果没有条件概率，那就创造条件概率。

刘邦就是创造条件概率的模范，可以说他是有史以来，因势利导、造势而王的千古一帝。

公元前212年，泗水亭长刘邦奉命押送一批刑徒从沛县前往骊山修筑始皇陵。但出发不久，自知到了骊山必死无疑的刑徒们就纷纷逃跑了。刘邦发现之后大为恐慌，他估计照这样，到不了骊山，刑徒们就都会跑光，而自己就会犯下了渎职大罪，免不了一死。于是他干脆率领走投无路的刑徒共同起义。

在起义途中，他们遇到一条蛇挡路，刘邦就把它斩杀了，号称被杀的是天上的白帝星，而自己是赤帝之子。

刘邦于是到处宣扬自己乃是赤帝之子下凡的神话传说，命令属下所有部队均采用红旗为标识，并在沛县公开祭祀黄帝，宰杀蚩尤以祭旗，用蚩尤的血来祭鼓。

而刘邦之所以利用"白蛇"这个工具营造出君权神授的氛围以抬高自身地位，就是为了引导民心，让自己的号召能得到更多人的积极响应。

事情也正像他想的那样，在秦朝暴政统治下的百姓听闻了白蛇传说之后，坚定地认为，既然刘邦称帝是天命所归，那么追随刘邦、推翻暴政就是他们最好的出路，于是纷纷响应号召。

刘邦"赤帝子下凡，斩白蛇起义"的神话，对他创建大汉江山，击败项羽集团，最终一统天下起到了极大的促进作用。他的思路，正是基于当时的世道民心背景，把推向胜利的条件概率人为放大，为自己创造更好的起义政治环境。引导了趋势之后，很多左右摇摆的民众都开始投靠他，为他的势力添砖加瓦。

为了能使水载舟，他人为引水入渠，将低浅的溪流蓄成较深的河流，从而撑起了他起义的大舟。有了舆论导向和群众支持的加成，他的成功率就大大增加了。

在这个故事里，比时势造英雄更贴切的应该是：利用条件概率为自己造势，成就自己的英雄事业。

这个世界，最终将属于既懂概率，又能创造条件概率的人。

用游戏思维妙赢人生

游戏促人进步

步入高三之前，我的学习成绩并不是很出色。一个偶然的机会，全班第一的同学莫名其妙地找我问了道数学题，而我竟然鬼使神差地做了出来。

这位学霸有些惊讶，他挑战式地准备了更难的题，而我竟然又奇迹般地做出来了。神奇的是，类似的题目我曾经自己尝试解过，没有成功。但在当时特殊的氛围里，竟激发出了自己的潜能。

后来学习的日子里，我仿佛置身于一场无形的游戏，每当有同学来向我请教问题时，我都会把它当作打怪升级的任务，越来越斗志昂扬，越来越锐不可当，在一次次尝试中享受着通关的乐趣。

因此，即使冲刺复习阶段很苦很累，我也一直能体会到肾上腺素被充分调动的乐趣。我特别感谢那个学霸，是他无意中开启了这个游戏模式，使我自己在竞争中愈战愈勇，潜能得到极大的激发。

复习备考本来就是件枯燥的事情，没想到换了一种心态后，竟然会变得有趣且高效起来。将备考当作打电子游戏，卸下对学习本身的抵触心理，反倒有种想征服一个个任务的斗志和兴趣。在获得乐趣的同时，完成了难以完成的任务，而且一次次超越了自己的极限，提升了自己的经验值。

不久前，《王者荣耀》游戏风靡全国，不论老少都沉溺其中，吃饭、工作都"机耕不辍"。因此，游戏在很多家长的眼里，就成了吞噬孩子的洪水猛兽。但是我们也应该反思，同样是攻克很难的事物，同样需要耗费大量的时间和精力，为什么游戏充满魅力，而学习却那么令人排斥呢？

我觉得原因有以下几个方面。

生理角度。网游的机制往往能从生理上使玩家获得满足感。怎么做到的呢？

第一，通过建立难度递增的关卡，可以激发出人类本能的挑战欲；其次，各种分值奖励的规制，为玩家提供了即时性的反馈，让玩家完成一个任务就能立竿见影地看到自身实力的变化，从而得到心理上的满足。

一手创建"巨人网络"的史玉柱也曾提到，游戏关卡的设计不能太难也不能太容易：太难，玩家看不到即时成效，就会失去玩下去的信心；太简单，玩家又会丧失继续挑战的兴趣。这些充分迎合人性的设计，可以让人脑快速分泌多巴胺，通过神经传导为细胞传送脉冲，使大脑处于兴奋愉快的状态。而多巴胺又有助于提高记忆力、活化大脑，在维持快感的同时，还能大大提升工作效率。

第二，思维意识角度。在游戏中，我们为了完成任务，需要充分调动自己的每一项技能，随时准备发挥出最高水平。因此，我们在游戏中能全身心专注投入，进入深度思考的状态。

而人一旦进入完全沉浸、无比振奋的心流状态，大脑就会得到最充分的利用，内心也会充满愉悦和满足感。在这种状态下，人的各种机能都能得到极致发挥。这不正是我们在学习和工作中，也极力追求的最高境界吗？

第三，心理角度。虽然我们在玩游戏的过程中双眉紧蹙，甚至不停地抖腿，显得极其在乎输赢，但就算最后输了也不过砸下键盘骂句脏话而已，晚上照样和朋友欢欢喜喜地玩游戏。因为我们都知道，游戏只是游戏，输了赢了都无所谓，不会对生活产生重大影响。

在游戏当中，最大的乐趣在于过程，而不是结果。所以在投身于每一次游戏时，我们的内心都是了无牵挂、随心所欲的，心理上卸载了压力，把所做之事仅当作一种乐趣和挑战，那么就能轻装上阵、乐此不疲，而不像学习工作时那样瞻前顾后、如履薄冰。

零压力的环境，往往才能调动人们一次次挑战的兴趣。而对我们的生活产生实际影响的学习和工作，反倒因为意义感太重，使我们不由自主地抗拒和逃避。正所谓轻装上阵，无欲则刚。

严肃使人落后

老电影里的工厂经常出现这样的条幅：团结紧张，严肃活泼。我每次看到都不得其解，严肃和活泼不是一对反义词吗？难道要工人一边笑一边皱眉地工作不成？

后来我才想通活泼对严肃的正向促进意义。很多人在工作时就是完全的严肃不活泼，像苦行僧一样攻克任务。这样在心理上就会无形放大了眼前的任务，并且引起全身机能的自动抵触。

像这样把工作当作一种折磨，不仅痛苦，而且低效。我们一直被灌输的"头悬梁、锥刺股"式学习模式，其实也无非是雷声大雨点小的内耗。原本可以轻轻松松完成的学习任务，非要给自己一个痛苦万分的心理预设，跟自己的本性作对，徒增工作阻力，何必呢？

游戏还有一点比生活更人性化的地方，那就是合理及时的反馈机制。

在日常生活和工作之中，我们的付出不能立刻看到回报，及时得到反馈。因此，我们经常会陷入我努力了还是没有成效的负面情绪。如此一来，在下一步的学习和工作中，就会不自觉地产生抵触心理，产生惰性和疲乏感，工作效率便会大大降低。

强者多娱乐

我们都知道，演喜剧比悲剧难得多。因为在社会上生存，能让我们笑的事相对太少了。工作和学习往往占据了生活的绝大部分，如果苦脸相对，活得岂不是太艰难了一些。

所以把工作、学习都当作一种娱乐，对任何事都怀有娱乐精神，是一种对自己对他人都很珍贵的能力。随着社会竞争的日趋激烈，把竞争当游戏，化压力为热血，往往才能主动出击，自信爆棚，发挥出最大的效能。

真正的强者，学习和消遣之间是不分你我的。他们已经把学习当作一种征服，把工作当作一种游戏。就像毛泽东曾说的"与天斗其乐无穷，与地斗其乐无穷，与人斗其乐无穷"，形容的就是这种心态。

根据吸引力法则，具有这种心态的人，能给自己不断地注入自信、乐观的心理暗示，还能把积极的事物都吸引过来，形成对自己更加有利的局势。

世界是一个角斗场，拥有娱乐精神、游戏思维的人，往往才能一边快乐一边前进，自我督促、自我提醒、自我精进、自我竞争，在思辨和精进中优化自我。

泛游戏化社会

现在，不仅仅是人，整个社会都开始进入泛游戏化时代，各行各业都开始引入游戏元素。

例如跑步，原本是一件很枯燥的事，可是微信运动、各类健身手机软件、运动手环等的推出，一下子就把跑步变成了一场能够赢分数、赢红包、打卡秀照的游戏。

竞争因素的加入，充分激发了人们的斗志，促使人们对运动的兴趣日渐高涨，慢慢地营造出游戏般轻松又有趣的健身氛围。

不少地方的社会公共设施也开始游戏化。瑞典有个公园的垃圾桶，把垃圾丢进去之后，会发出一声长长的掉落声。一个小小的机关，给丢垃圾这个简单的动作赋予了趣味，也增加了人们扔垃圾进筒的概率。

斯德哥尔摩有个地铁的楼梯上安装了"钢琴键"，人只要一踩上台阶，就会发出钢琴演奏的声音。这一创新吸引乘客都去爬楼梯而非坐电梯，使楼梯的使用率提升了60%。

可以预见，未来会有更多行业被游戏化改造。游戏化的设计，将渗透进我们生活更多的方面。泛游戏化社会正是利用了人们偏好游戏的心理特点，喜欢游戏的人、会玩游戏的人、会设计游戏的人，会逐渐成为时代的主导者。

游戏化生存

总而言之，在这个充满竞争的游戏化社会里，要想玩得转，就必须具备游戏化思维。

游戏化思维有以下几条明显特征：

不太注重结果，单纯享受过程。不过分执着于成败，才能玩得更投入；沉浸式做事，精力高度集中，以达到最好的状态；利用人类本能的征服欲，给自己强大、自信的心理暗示，能更加提高胜算。

为了进入游戏状态，我们可以将日常的学习和工作，也引入一些游戏化元素。顺应人之天性，建立游戏机制，增强自主兴趣，便能提高动力，达到提升效率的目的。

第一，任务设定。

游戏之所以让人上瘾，关键在于对难度的把控。就像史玉柱所说的，让它恰好能适合我们的挑战欲望。具有一定难度以诱发我们自身的征服欲，又要适度简单提升满足感。

运用到实际中，就是将长远而艰难的目标细化为可行的小目标，将抽象的大目标转换成若干具象的小目标。

除此之外，还可以在每一个目标完成后得到及时的反馈（奖励/积分），从而起到积极的鼓励作用，让人不由自主地长期坚持下来。

如果你计划一年内大幅提高自己在某一领域的知识水平，那么就要将这个庞大又抽象的大目标，细化成具体又可行的小目标，例如每个月读完两本该领域的专业书。这样，一年的艰巨任务就被划分成了十二个小任务，而且每个月都能得到有效反馈，从而获得心理上的满足感，督促自己继续努力。

第二，奖励设定。

反馈机制如何设计也有讲究。设计一个有趣的规则，把分数、奖励和排行榜等元素都融入进去，让你在枯燥的任务中玩起来。

《把时间当作朋友》的作者李笑来讲过一个故事，他一个朋友准备考托福出国。考托福需要4万的词汇量，分配到他朋友计划的时间里，每天需要背200个单词。

背单词是一件极其枯燥乏味的事，没有强大的意志力很难坚持下来。所以，笑来老师的这位朋友，就为自己设计了一个妙趣横生的游戏反馈机制。

他按照考上托福后美国大学给的奖学金数额，平均到每一个单词的收益，大约是20元人民币，于是他就想象着每背一个单词就赚了20元。

他每记住一个单词，就在单词后面写上20，表示自己又赚到了20块钱。每晚睡觉前，一想到这一天挣了4000元就浑身充满了动力。这样，他轻轻松松就背完了4万个单词。

这就是利用游戏中的任务设定与奖励机制的原理。每天给自己一点儿小快乐的正反馈，激励了意志，也增添了趣味，让自己轻而易举地坚持下来。

第三，方式设定。

除了以上两点，我们还可以灵活运用团队协作的游戏方式。利用群体效应，对于不同的任务，建立相关的群体，并在群体内建立一定的规则，从而起到互相监督和促进的作用。

例如当下很火的社群概念，通过成立形形色色的读书群、学习打卡群、实名注册学习，来让网友监督自己。

大部分游戏都不是一个人的战役。同样，在现实生活中，团队合作也是特别常见的工作和学习形式。而一个好的团队合作模式，可以大大增进大家的积极性，也可以促进团队成员之间的相互学习。

举例来说，我们可以设定团队中的具体活动（例如速读、精读、领读），检查方式（例如笔记、分享、打卡），再通过缴纳赌金、设置奖学金、红包、请吃饭等反馈方式，来调动大家的积极性，提高大家的参与度。

然而，游戏虽好，也要酌情。过度游戏化的人容易在游戏情景和现实情景之间发生混淆，变得过度执着，缺乏自控；游戏化太重又会与真实生活形成强大反差，因为真正的人生经常没有奖励，这样的现实，会让人变得迷茫、无所适从。

　　游戏思维是一把双刃剑，增强趣味的同时，别忘了自我管理。掌握好平衡，辩证地利用，才能将游戏化思维发挥到极致。如果故意放大游戏的内涵而忽视本意以及出发点，就会舍本逐末，得不偿失。